高等学校通识教育选修课教材

休闲园艺

主编/张燕

中国轻工业出版社

图书在版编目（CIP）数据

休闲园艺/张燕主编．—北京：中国轻工业出版社，2020.6

高等学校通识教育选修课教材

ISBN 978－7－5184－2809－0

Ⅰ．①休…　Ⅱ．①张…　Ⅲ．①园艺—高等学校—教材　Ⅳ．①S6

中国版本图书馆 CIP 数据核字（2019）第 292909 号

责任编辑：贾　磊　　责任终审：白　洁　　封面设计：锋尚设计
版式设计：砚祥致远　　责任校对：晋　洁　　责任监印：张　可

出版发行：中国轻工业出版社（北京东长安街 6 号，邮编：100740）
印　　刷：三河市万龙印装有限公司
经　　销：各地新华书店
版　　次：2020 年 6 月第 1 版第 1 次印刷
开　　本：787×1092　1/16　印张：10.75
字　　数：267 千字
书　　号：ISBN 978－7－5184－2809－0　定价：49.00 元
邮购电话：010－65241695
发行电话：010－85119835　传真：85113293
网　　址：http://www.chlip.com.cn
Email：club@chlip.com.cn

191348J1X101ZBW

本书编写人员

主　编　张　燕

副主编　李　婷　张四海

参　编　雷凌华　李　鑫　范飞军　郭圣荣

前 言

休闲园艺是随着社会经济、文化发展而逐步兴起的园艺类别，休闲园艺的发展与现代农业的发展密不可分。在习近平新时代中国特色社会主义思想指导下，我国人民生活水平不断提高，人们更注重生活品质，且当今越来越多的民众对精神生活有更高的追求。园艺产品不仅能提供物质产品，而且还能给人们带来精神享受。休闲园艺则通过多层面灵活多样的方式让人们通过园艺活动、园艺植物或产品的自然属性达到身体和精神滋养的目的，满足人们的需求。因此，休闲园艺有很好的发展趋势，但人们对于休闲园艺的理解远远不够，从而限制了休闲园艺的发展和应用。目前，国内关于休闲园艺方面的专著或教材品种匮乏，已有的图书在内容方面集中于盆栽果树。鉴于休闲园艺的发展现状，浙江省丽水学院在校内开设了“休闲园艺”通识课，并积极编写了与课程教学相契合的《休闲园艺》教材。

本教材内容包括休闲园艺发展与内涵、休闲园艺常用水果、休闲园艺常见蔬菜、观赏园艺植物及其对人生理和心理的影响、休闲园艺活动与作业疗法、休闲园艺栽培活动常用工具与资材、休闲茶业七个部分。本教材编者为园艺专业教师、园艺领域科研人员及生产实践工作者，对休闲园艺不同组成部分有独特的理解。

本教材由张燕担任主编，李婷、张四海担任副主编。具体编写分工：第一章由张燕编写；第二章由张燕、郭圣荣共同编写；第三章由张四海编写；第四章由李婷编写；第五章由雷凌华编写；第六章由范飞军编写；第七章由李鑫编写。

在本教材编写过程中，得到浙江省丽水学院胡锋吉处长、杨明华院长、夏更寿书记的支持和帮助，在此表示感谢。书中部分图片来自互联网，在此向相关拍摄者致谢。

由于编者水平有限，加之休闲园艺发展迅速，书中难免存在错漏和不当之处，欢迎广大师生批评指正。

张 燕

2020 年 3 月

目录

第一章 绪论 …… 1
第一节 休闲园艺的起源和发展现状 …… 1
第二节 休闲园艺的内涵 …… 4
第三节 我国休闲园艺的分类 …… 5

第二章 休闲园艺中的常用水果 …… 10
第一节 草莓 …… 10
第二节 葡萄 …… 15
第三节 猕猴桃 …… 20
参考文献 …… 26

第三章 休闲园艺中的常见蔬菜 …… 28
第一节 根类蔬菜 …… 28
第二节 白菜类蔬菜 …… 33
第三节 绿叶类蔬菜 …… 40
第四节 葱蒜类蔬菜 …… 47
第五节 茄果类蔬菜 …… 52
第六节 瓜类蔬菜 …… 58
参考文献 …… 63

第四章 观赏园艺植物及其对人生理和心理的影响 …… 64
第一节 观赏园艺植物的分类 …… 64
第二节 观赏园艺植物的功能 …… 98
第三节 观赏园艺植物色彩对人生理和心理的影响 …… 104
第四节 观赏园艺植物香味对人生理和心理的影响 …… 114
第五节 观赏园艺植物形态对人生理和心理的影响 …… 115
第六节 药用观赏植物的应用 …… 116
参考文献 …… 120

第五章 休闲园艺活动与作业疗法 …… 122
第一节 休闲园艺活动的基本内涵 …… 122
第二节 园艺作业疗法的概念及功能 …… 123
第三节 园艺作业疗法活动空间设计 …… 128
第四节 园艺作业疗法活动设计 …… 130
第五节 休闲园艺作业疗法的介入应用 …… 132
参考文献 …… 143

第六章 休闲园艺栽培活动常用工具与资材 …… 145
第一节 休闲园艺栽培活动常用工具 …… 145
第二节 园艺盆器 …… 148
第三节 栽培介质 …… 149
第四节 常用肥料和药剂 …… 151
参考文献 …… 153

第七章 休闲茶业 …… 154
第一节 茶的概述 …… 154
第二节 休闲茶业概况 …… 157
参考文献 …… 163

CHAPTER 1

第一章 绪论

第一节 休闲园艺的起源和发展现状

休闲园艺是随着社会经济发展而新兴起的园艺类型，与现代新型农业的发展密不可分。我国的新型农业因分类依据的不同而分为多个类别，包括休闲农业、都市农业、绿色农业、立体农业、观光农业、特色农业、订单农业等，而由美国经济学家首次提出的都市农业则包含了绿色农业、休闲农业和观光农业等。

休闲农业尽管被译为 leisure agriculture，然而英文文献中并没有关于 leisure agriculture 的描述。重庆市农业科学院农业工程研究所高冬梅等在阐述德国休闲农业时明确指出，德国休闲农业有着悠久的历史，主要形式是市民农园和休闲农庄。这里的市民农园和休闲农庄实际上是指都市农业中的私有园地和都市农场。因此，要了解休闲园艺的发展历史，则需要了解休闲农业（在国际被称为都市农业）的发展史。

一、欧洲都市农业的发展

欧洲工业革命时期，都市农业发源于传统的私有园地，目的是解决迁入城市的移民的贫穷、营养不良以及社会疏离感等生活问题。当时，都市农业被称为“移民园地”或“穷人园地”，是用来平衡和解决城市化和工业化的一种方式。私有园地萌芽于政府、工厂和宗教社区的领地。在 20 世纪前半叶，尤其是在两次世界大战期间，城镇与农村因隔离而食物缺乏，这些园地种植的食品更加重要（图 1 –1）。

私有园地在第二次世界大战后，其功能随着社会、经济和文化的发展，从最初的生产食物转变成在经济、环境、娱乐、教育、社会和治疗等不同方面发挥作用。作为小地块被一群人共同保持的社区所有的园地也开始变多。人们在这些公共绿色空间可以建立新的社会关系、种植蔬菜、度过闲暇时光并且能够学习新的知识。社区所有的园地最初起源于美国、加拿大、澳大利亚和新西兰等非欧洲国家，21 世纪初开始在北欧出现，同时也是食品安全问题和经济危机的产物（图 1 –2）。

图 1－1 欧洲早期以“私有园地”为主的都市农业

图 1－2 拥有经济、环境、娱乐、教育等功能的欧洲都市农业

二、 都市农业的社会意义及存在的问题

最初的都市农业是为了解决两个全球性的挑战，即都市化程度的提高和食品安全的保障。随着经济不断发展，都市农业转变为在都市弹性的可持续发展及城市土地的保持和创新中起作用。因都市农业提供的服务呈现出新的商机，当时被人们充分利用，以期解决食品不足、城市环境污染、气候变化以及都市和城郊的社会、健康等问题。存在的问题主要包括食品安全风险以及法律法规的不完善，另外存在与都市农业相关的社会、商业、终身学习以及更高层次教育的问题。

三、 当前美国都市农业的含义

美国都市农业主要是指在都市中心和周围地区生产、输送和销售食品及其他产品，具体是指利用包括社区、学校、后花园和屋顶园地等生产食品，不仅为了家庭消费和教育，而且是为了都市市场而进行的园地生产，是在小的区域内最大化生产食品的革新，是都市区域社区支持的农业，也是位于都市绿色地带的家庭农场（图 1－3）。

与欧洲都市农业一样，美国都市农业也强调食品安全，同样带来新的商业发展和就业机会，很多城市里的都市农业更多是指位于都市内或附近的家庭农场的经营活动，包括制作家禽类、鱼类、蛋类、奶类等食品，也有体验农场可以提供学习和娱乐场所，如学习饲喂牛羊、学习骑马等。

图 1-3 美国以社区、屋顶园地等为主的都市农业

四、 我国都市农业和休闲农业的发展

我国的休闲农业和都市农业都包含观光旅游的内容，但资源的位置不同，都市农业资源位于都市或城郊，而休闲农业的资源则位于农村。且我国人口众多，除了边远地区、部分山区省份，城市和农村并没有出现很大的隔离。因此，与国外相比，一方面都市农业在国内同样承担着城市和城郊可持续发展的使命。都市农业体现着多种特征，包括绿色生态、观光休闲、市场创汇、现代高科技等，同时生产手段以高科技武装的园艺化、设施化、工厂化为主，在满足大都市市场需求的过程中，将生产、生活和生态融于一体，是高质高效、可持续发展的现代农业。另一方面，都市农业更多则被赋予乡村振兴的历史使命，有专家提出我国都市农业实则是以工业补农业、以城市带动乡村发展的独特内涵。都市农业是在整个农业生态系统资源有限的条件下，依靠现代科学技术，增加生产投入，从而提高农产品收益的一种综合产业，与此同时，通过合理调控农业资源的开发利用与农业生态系统健康的关系，在当前“绿水青山就是金山银山”发展理念下，都市农业更侧重于都市生态农业，运用现代科学技术，充分发挥农业生态系统中的生物共生和物质循环再生原理，因地制宜组织开展农业生产活动，实现生态、经济和社会三种效益协调统一，实现城市和农村的水绿山青，为人们提供生态更美好的家园。

我国休闲农业于 20 世纪 90 年代首先在北京等一线城市兴起，21 世纪初则迅速发展。国内很多学者及相关单位对休闲农业展开了多层面的研究，并从多个角度对休闲农业的内涵进行了界定。其中有一种观点认为休闲农业是在一定的基础上，包括农村自然资源、生态环境、田园景观、农耕文化、历史民俗风情等基础，渗入因地制宜的农业生产经营活动，以农业产业发展为核心，利用科技、创新等手段，让民众参与农事体验与民居生活、乡村旅游与休闲娱乐，以及了解新品种试验示范、科技培训与科普展示等内容，从而达到健康养生农业增产与农民增收的目的，形成新型的农业生产经营形态。

五、 我国休闲园艺的起源与现状

我国对休闲问题的涉足起始于 1985 年出版的《生活的觉醒——漫话生活方式》一书，作者根据当时国内社会生活的变化，充分论述了休闲时间和休闲活动方式；而 1992 年出版的《闲暇社会学》，则从社会学角度探讨了休闲等问题。2004 年李仲广等编著的《基础休闲学》则较全面论述了与休闲学相关的基本概念和基础理论。我国规范的休闲学研究逐步建立了起来。随着“发展生态农业、支持健康消费、促进城乡互助”理念的提出，食品安全与生态文明越来越受国民重视，也促进了城乡可持续发展。此外，城市市民参与的都市农业培训、农耕体验与教育等活动，以及食品安全与可持续发展的宣传都不同程度地促进了我国休闲园艺的发展。

目前，与旅游结合的采摘等体验园已经是很重要的休闲园艺，吸引着节假日游客，孩子和都市人群既满足了学习欲望、实现了减压的目的，同时还可以吃到新鲜的、无公害的果蔬产品。茶园骑行也是一种受欢迎的方式，但容易受到气候等条件的影响。

受网络“开心农场”的启发，出现了小型租赁式的体验园，租赁者可以挑选自己喜欢的当季蔬菜栽种，自己播种、浇水、施肥、采摘，也可以请体验园管理人员代劳。租地内不架设大棚、不打农药，让蔬菜天然生长。但这种方式因交通、周围配套设施落后等问题没能壮大。改变思路后，探索面向青少年、老年人或城市居民的休闲园艺形式，为青少年设计能让他们产生兴趣动手实践的项目，为老年人创造出能让他们感觉重新回归大自然的乡村景致，让城市居民了解本地农业发展历史。

事实上，更多潜移默化的休闲园艺的方式一直发生在人们的生活中，如园艺产品的食用、园艺植物相关知识的应用、家庭种植、养护绿色园艺植物、小型园艺活动的开展等。

第二节　休闲园艺的内涵

一、园艺植物的种类

广义的园艺植物主要包括果树、蔬菜和观赏植物、药用植物等，此外，茶树、竹子、药用植物、芳香植物等都被归于园艺植物的范畴。三大园艺产品指水果、蔬菜和花卉。全世界果树（含野生果树）大约有 60 科、2800 多种，其中较重要的果树有 300 多种。据不完全统计，我国果树植物 300 种、蔬菜植物 700 种、观赏植物 500 种、药用植物 5700 种。其中栽培果树 140 多种，蔬菜 110 多种，而这些种又包含很多变种。观赏植物更多，我国目前栽培的观赏植物有 500 多种，每一种观赏植物拥有许多品种，如菊花有 4000 多个品种、月季有 20000 个品种左右，荷花有 250 个品种以上。由此可见，园艺植物种类繁多，为休闲园艺提供足够的植物资源。

二、休闲园艺的内涵

我国休闲园艺指的是利用园艺植物或园艺产品及其相关知识休闲养生，改善生活环境、提高生活质量的活动，在这些活动中，建立社会关系、度过闲暇时光并且学习相关知识，从而使身体和精神得到放松和提升。因此，广义上讲，休闲农业中涉及园艺植物的相关资源均可以理解为休闲园艺，即休闲农业中与园艺植物相关的科技培训与科普展示、农事体验与民居生活、乡村旅游与休闲娱乐、健康养生等。

本教材重点介绍与园艺植物或园艺产品相关的食用、种植、观赏及其他相关活动，由此阐述休闲园艺提高人们生活质量的内涵，包括园艺产品水果、蔬菜的营养及烹饪方法，花卉种植，观赏植物色彩、形状、香味对人身心的影响以及园艺活动（如竹子的生物学特性及观赏性、竹笋采挖和食用）。

第三节　我国休闲园艺的分类

当前我国休闲园艺除了包括在休闲农业中的内容外，如水果采摘类、茶园骑行（图1－4）、果园观光等，还包括与休闲农业结合的园艺疗法及社区休闲园艺。社区休闲园艺根据不同的分类依据又分为很多种类。

(1) 茶叶采摘

(2) 茶园骑行

图1－4　茶叶采摘与茶园骑行

一、基于休闲园艺主体感受进行分类

基于休闲园艺主体即参与人感受，可分为观赏、体验、食用、趣味等。

（一）观赏类

草本或木本植物可观芽、花、果、叶、茎，能给观赏者不同的视觉体验（图1－5～图1－10）。因人类爱美的本能，观赏花卉等植物是参与者最多的休闲园艺类型。如春天开花的梅花、水仙、迎春、瑞香、山茶、白玉兰、紫玉兰、琼花、君子兰、海棠、牡丹、芍药、丁香、杜鹃、樱花、含笑、玫瑰、紫荆、棣棠、锦带花、连翘、云南黄馨、金雀花、仙客来、蝴蝶兰、石斛、风信子、郁金香、鸢尾、马蹄莲、金盏菊、文殊兰、百枝莲、四季海棠、吊钟海棠、海棠、天竺葵、虞美人、金鱼草、美女樱、矮牵牛等，数不胜数；夏天盛开的荷花、紫薇、茉莉、向日葵、石榴、凤仙花、槐花、茑萝、牵牛、波斯菊、百合花、一串红、惠兰、建兰、夹竹桃、木槿、兰花、玫瑰、扶桑花、蛇目菊、锦带花、六月雪、牵牛花、千日红、龙胆、霞草、鸡冠花、米兰、美人蕉、石竹、睡莲、栀子花、黄桷兰、喇叭花、合欢花等；秋天绽放的桂花、菊花、勿忘我、彼岸花、藏红花、昙花、木槿、蔷薇、满天星等；冬天临着寒风而展的腊梅、山茶花、一品红、三色堇等。由于园艺学家不断地进行品种改良，很多新的色彩或形状的花惊艳于世，如蓝玫瑰。通过花卉植物对城市的绿化与美化，城市人生活得更美好，既能满足物质需求又能得到精神上的满足，身心更健康。

(1) 垂枝红千层

(2) 银杏

(3) 金叶槐

图 1－5　可供观果、观枝叶的观赏类园艺植物实例

(1) 美丽月见草

(2) 野牡丹

(3) 平枝栒子

图 1－6　可供观花、观果的观赏类园艺植物实例

(1) 月季

(2) 单朵黄月季

(3) 单朵红月季

图 1－7　色彩绚丽的红、黄月季花

(1) 吉祥果（乳茄）

(2) 佛手

图 1-8 可供观果的吉祥果和佛手

(1) 观赏椒

(2) 金橘

图 1-9 可供观果的观赏椒和金橘

(1) 枝叶

(2) 枝芽

图 1-10 可供观芽的银芽柳

（二）体验类

体验类主要是指种植花卉，种植花卉可培养耐心、净化心灵，在培育过程中慢慢等待，从最初一粒种子，长成健株并开出灿烂的花朵，这种付出劳作后收获的喜悦，可带给人们充实美好的心灵享受。此外，种植或采摘果蔬，同样是一种体验，劳作后享受美味健康的果蔬，短暂回归田园生活，与大自然融为一体，享受微风、阳光、清新的空气，身心放松，是很多都市人向往的活动。

（三）食用类

食用类主要是指瓜果蔬菜，大多数人因更注重身体的健康而格外青睐绿色无公害果蔬，现在随着食品安全越来越受关注，市民更愿意选择自己种植果蔬，在享用无公害蔬菜的同时，还能欣赏自带清香的绿色园艺植物美景。实际上，从种子和种植果蔬容器的选择购买，到种植、养护和收获，也是体验休闲园艺，因此，观赏、体验和摘食等休闲园艺活动往往互相交融。

有一些很特别的园艺植物，会引起人的好奇心和兴趣，种植、养护或观赏过程中趣味横生。如空气草，不需要水培、不需要土栽、悬挂在空中就能自由生长，好似“吃”空气长大，其发达的根系起着固定的作用，而叶子上的鳞毛可吸收空气中的水分；此外，株高 1 米左右的防盗草，属多年生草本植物，常绿或半常绿，直立的茎上很多分枝，对生的叶片呈掌状，上面有深齿，分枝多，茎叶上布满不易被察觉的银灰色柔毛，人及猪、羊、禽等动物与此种植物触碰时，立即产生奇痒，而其鲜株或干品则可以用在粮仓或苗床周围防鼠，有人将其称为“植物猫”。

二、 基于休闲园艺实施空间进行分类

基于休闲园艺实施空间，可分为家庭休闲园艺、社区绿地、社区公共建筑休闲园艺等。

（一）家庭休闲园艺

家庭休闲园艺是指私人住宅内外，如室内、过道、窗口、阳台、底层人家天井、园地等，这些空间都可以进行休闲园艺。在这些私人空间内，完全可以依据内心的想法种植造型独特的盆栽，美化居住环境；在阳台上可种一些喜阳的植物，也可以种点果蔬，充分利用阳台的空间，增添室内绿意；一楼的住户可将小园子设计成一个小花园，发挥创意进行种植，为人们的生活增添美好。

（二）社区绿地

社区绿地是指在小区中划拨出一部分空地，让居民们进行自由种植，拓展户外空间。但是这些都需要拟出方案，由小区业主委员会通过后有序安排，遵守各项规定，以维持小区绿地的有效运作，也保证资源的充分利用。同时，还可以开展“认养绿化”，由一些园艺志愿者定期浇水、施肥，既能让绿化带更加精致，又让自己的生活多了乐趣，同时锻炼了身体。

（三）社区公共建筑休闲园艺

社区公共建筑休闲园艺是指利用起各种可以利用的有效空间，如停车场，间隔栽植一定量的乔木等绿化植物，形成绿荫覆盖，也可以在停车场廊棚上选择种植葡萄、紫藤、观赏南瓜等，形成绿树环抱的小环境，不仅能吸尘降噪、提升景观品质，还能缓解人们炎炎夏日下的烦躁心情，提升城市环境质量。此外，还可以利用爬山虎、凌霄等有气生根的植物对实砌围墙绿化，而牵牛花、金银花等可用来对栅栏墙绿化。

三、基于休闲园艺参与者之间的互动方式进行分类

基于休闲园艺参与者之间的互动方式，可分为个人行动、结伴活动、花卉买卖、技艺交流等休闲园艺。

这里的花卉买卖主要指爱好种植花卉者之间的交换，略带盈利目的；技艺交流则指相互交流自己在种植或培育过程中的心得和体会，从而相互学习和提高。

CHAPTER 2

第二章 休闲园艺中的常用水果

第一节 草　莓

草莓（*Fragaria ananassa* Duch.）原产于南美洲，是多年生草本植物，贴近地面生长，植株高度通常为 10 ~ 40 厘米。茎上长满密密的黄色小柔毛，茎的位置高度与叶相等或更低（图2－1）。草莓叶片质地较厚，倒卵形或菱形，都是三出基生脉，小叶上具有短柄，深绿色的叶片正面几乎没有小绒毛，而淡白绿色的背面稀疏着生小绒毛，叶脉边缘绒毛细密，叶柄密被黄色柔毛。草莓花期为 4 ~5 个月，近圆形或倒卵椭圆形的花瓣呈白色，花两性，卵形萼片比副萼片稍长，呈现聚伞花序，花序下面具有一个短柄的小叶。有“水果皇后”之称的草莓果实正常成熟于 5 ~6 月份，果期长达 6 ~7 个月，大棚种植则让人们在冬季能吃到草莓。果实为瘦果，尖卵形，浆果类，成熟的果子鲜红诱人、嫩滑多汁、芳香酸甜，聚合果大，宿存萼片直立，紧贴于果实。新鲜的草莓通常色泽鲜红、丰满、中等大小、无污染、果实呈匀称的圆形并带有新鲜的萼片（图2－2）。虽是原产南美，但在中国各地及欧洲等地广为栽培。

图2－1　地膜覆盖种植的草莓

(1) 叶

(2) 花

(3) 果

图 2-2　草莓的叶、花和果

一、休闲园艺中草莓的种植方式和管理

(一) 草莓种植基地分布和种植方式

草莓采摘园是与休闲园艺最为契合的项目，我国重要草莓种植基地包括辽宁省东港市、安徽省长丰县、江苏省句容市、江苏省新沂市、浙江省奉化市尚田镇、上海市青浦区赵屯镇、云南省永仁县莲池乡、河南省中牟县、山东省昌乐县崔家庄镇、陕西省西安市长安区以及新疆乌鲁木齐市新市区安宁渠镇等。

辽宁省丹东市东港市草莓种植基地，是我国最大的草莓生产和出口基地，也是农业农村部授予的“全国优质草莓生产基地”和“无公害农产品生产基地”。东港市草莓的栽培方式包括早春大拱棚、日光温室和露地三种，草莓的品种包括芳香浓郁、品质优良的红颜、章姬、幸香、枥乙女、宝交早生等，以及耐运贮、硬度好的卡麦罗莎、甜查理、哈尼、卡尔特一号、达赛莱克特等。此外，我国培育的红实美，也是优质高产的品种，各品种都形成一定的生产规模。

我国草莓生产基地几乎遍布全国各地，种植方式主要有露地种植、大棚种植以及其他立体种植（图 2-3）。

(1) 大棚种植

(2) 立体种植

图 2-3　草莓的大棚种植和立体种植

(二) 草莓种植方法和管理要点

因大棚种植面积占比很大，故重点介绍大棚种植草莓的方法和要点。

1. 大棚建造

建造大棚的地方最好选择避风向阳、土质肥沃、地势平坦、水源充足且排水良好的地方，此外，建棚地点的土壤 pH 最好在 5.5 ~ 6.5。大棚的方向东西最佳。一般建成大棚的长度在 50 ~ 80 米，而跨度为 7 ~ 8 米即可。通常采用短后坡式结构，后坡的长度在 1 ~ 1.5 米，脊高和后墙高分别为 2.8 ~ 3.2 米、1.8 ~ 2.2 米。通常在大棚前约 0.7 米的地方挖防寒沟，深度 0.5 米、宽度 0.8 米左右，防寒沟内放入碎草，再用土压实。

2. 品种选择

目前，适于冬暖大棚促成栽培的草莓品种主要有弗吉尼亚、宝交早生、丰香、全明星、哈尼等，但经品种对比试验，弗吉尼亚因色泽好、果个大、硬度高、耐贮运，同时休眠期短、生长势强，而且自花授粉能力强、畸形果比例小，抗病能力强，所以成为首选。

3. 整地与施底肥

栽苗前半月要完成整地与施肥，一般每亩（约为 666.7 平方米，下同）施优质腐熟圈肥 3000 ~ 5000 千克，另外加入 30 ~ 40 千克的磷酸二铵和 15 ~ 20 千克的硫酸钾。通过土壤深翻，让土壤和肥料混合充分，再整平压实后做高畦（图 2 – 4）。高畦宽度为 0.9 ~ 1 米，高度为 0.2 ~ 0.25 米。对于土壤墒情差的地方，栽苗前需要适当浇水。

图 2 – 4　草莓整地做高畦

4. 栽植及栽后管理

在山东冬季促成栽培的草莓以 9 月份上中旬栽植为宜。为提高产量，可在 7 月份中下旬对草莓进行假植，从母株分离出健壮的苗，在土壤肥沃处假植，等到分化出花序再移栽到大棚内。移栽之前需要选择健壮苗，去掉病弱苗或小苗，剪除病叶和老叶，去掉匍匐茎，当然根系严重损伤者也要剔除。草莓一般每亩地栽种 8000 ~ 10000 株，每畦通常栽两行，行距在 0.25 米左右，株距为 0.13 ~ 0.17 米（图 2 – 5）。移栽时需要注意的是将苗弯曲的方向统一对准沟道的一侧，这样花序面向同一方向，便于以后果实的管理和采摘。移栽后最初的 2 ~ 3 天，每天早晚都需要浇一次水，直到覆盖棚膜前，都要保持土壤湿润，但不能浇水太多。在草莓苗返青后锄草松土，并喷施多菌灵或甲基托布津 2 ~ 3 次。在覆盖地膜前松土除草，并在畦上行间铺设滴灌管道，后续干旱时可以供水，然后将黑色地膜覆盖后保温，且可以避免草莓果实沾土。

5. 扣棚及扣棚后的管理

扣棚时间在 10 月底至 11 月上旬。棚膜应选用无滴消雾型聚氯乙烯（PVC）膜，这种类型的膜让棚内光照程度增加，同时湿度降低，从而减少病害的发生。此外，还需要做到以下五个方面。第一，每隔 7 ~ 10 天叶面喷施一次尿素（0.2% ~ 0.5%）和磷酸二氢钾，注意避开花期。

图 2－5　草莓一般每畦种两行

第二，注意白天通风降温或晚间加盖草毡控制温度在 6～25℃，有利于草莓花芽分化；此外需控制浇水，避免湿度太大引发草莓病害。可在晴天选择用地膜下的滴灌管进行供水，防止棚温骤然降低而影响草莓正常生长。第三，初冬季节光照不足，可进行人工补光（图 2－6），如电灯泡补光，在距地面 1.5～2 米高度，每隔 4～5 米安装一个 150～200 瓦的白炽灯泡，尤其在连阴天气，而傍晚盖草毡后也可补光 3～6 小时。第四，及时摘除匍匐茎、老叶和病叶，通常情况下每株留功能叶 10～12 片，更有利于通风透光。第五，扣棚后棚内温度比较高，容易发生草莓褐斑病，湿度大容易发生灰霉病，因此，需要早发现、早防治，除了及时通风外，可选择多菌灵、速克灵或速克灵烟剂防治。

图 2－6　草莓大棚人工补光

6. 增产措施

为让草莓增产，必须注意三个方面。

（1）授粉　人工授粉可使草莓果实增大，并且减少畸形果。共有三种方法：一是搭配授粉品种，不同的品种互相授粉；二是人工辅助授粉，在花期通过通风、扇风或人工点授都可以辅助授粉；三是大棚内放养一箱蜂（图 2－7），利用蜜蜂传粉，但在喷药时要搬出蜂箱且通风窗处加纱网以防止蜜蜂飞走。

（2）使用赤霉素促进生长、打破休眠和提早成熟达到增产的目的　细致均匀地喷心叶，喷后略微提高棚温，顶花则会提前开放。喷赤霉素一定要在保温后至花蕾出现30%前喷施。过早或过晚会促成匍匐茎或叶柄生长，此外，还要注意喷施量，分别以10克/升和5克/升的量为宜。

（3）注意疏花疏果　首先注意去除高级次的花蕾，一般每花序留5～6朵花即可。幼果期疏除畸形果、病虫果，每花序留4～5个果为佳。

图2－7　草莓大棚授粉蜂箱

二、草莓的营养成分

草莓营养丰富，含有果糖、蔗糖、柠檬酸、苹果酸、水杨酸、氨基酸以及钙、磷、铁等矿物质。此外，草莓中高含量的维生素C大大提升其营养价值，维生素C可以预防高血脂、脑溢血、冠心病、心绞痛、动脉硬化、高血压、坏血病等疾病。值得一提的是，草莓中含有能明目养肝的胡萝卜素。草莓中的果胶和其他膳食纤维成分，能起到助消化、通便的作用。新的研究表明，在抑制白血病和再生障碍性贫血中，来自草莓的一种胺类物质，能起到一定效果。

中医认为，草莓性味平、酸、甘，有清肺化痰、健胃降脂、润肠通便、补血益气的功效，经常饮用草莓汁对溶解上述疾病有益。中医还认为，春季吃草莓能消肝火。另外，饭后吃草莓具有促进胃肠蠕动的作用。

三、草莓的食用方法

草莓洗净后可直接食用，也可以制成草莓酸奶、草莓蛋糕、草莓果酱（图2－8）、水果沙拉、草莓果汁等。草莓酸奶的做法有两种：一种是用一杯市售酸奶，加草莓若干切成小块，料理机打碎即可；另一种则是自制酸奶，鲜牛奶加乳酸菌发酵8小时左右，再加草莓小块，用料理机打碎，两种情况下均可以根据自己的喜好添加蜂蜜或柠檬等材料调味。草莓汁的制作也非常简单，将去蒂的草莓洗净，与蜂蜜、冰块、冰水一起放入榨汁机中，搅拌均匀即可倒入杯中，加点装饰（如巧克力粉）即可。

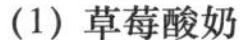
(1) 草莓酸奶

(2) 草莓蛋糕

(3) 草莓果酱

图2－8　草莓制品

因草莓上市时间没有覆盖全年，故草莓果酱的制备很有意义。自制的草莓果酱不仅营养美味，而且没有添加剂。选取1.5千克的草莓，浸泡15分钟后洗净，去蒂后用厨房纸巾吸干水分，头部也去掉一些，其余切成小块，将50克左右的柠檬榨汁，随后在干净的大碗内（玻璃碗最佳，可以欣赏草莓醉人的颜色）每放一层草莓加一层冰糖，淋一点柠檬汁，如此反复，直至草莓块用完，保鲜膜封口，4℃冰箱冷藏过夜，第2天倒入厚底奶锅中煮沸，去除浮沫，15分钟后改小火30分钟，直至草莓酱黏稠，装入3个180毫升左右消毒后的玻璃瓶中，消毒采用烤箱的“下火”挡110℃、烘烤15分钟。置于4℃冷藏，未开封可保存3个月，开封后尽快食用。

草莓点缀的蛋糕看上去相当诱人，也可以缓解糕点和奶油的油腻，既增加营养又更加美味可口。

四、 洗草莓的小窍门

无论是直接食用或制成酸奶等食用，都离不开草莓清洗这一环节。草莓皮层很薄容易洗破。此外，植株低矮的草莓，因果实细嫩多汁，很容易沾染病原微生物和小虫子，且农药、肥料也容易附着在表面，为避免引起腹泻或因农药残留危害健康，必须清洗干净。方法是用淡盐水或淘米水浸泡5～10分钟，再用自来水冲洗干净。随后最好再用淡盐水或淘米水浸泡5～10分钟，通过淡盐水杀灭有害微生物，淘米水促进酸性的农药降解。必须注意的是，清洗时不要摘掉草莓蒂，避免残留的农药进入果实内部。最后，需要注意洗涤灵等清洁剂很难漂洗干净，不能用来清洗草莓。

第二节　葡　　萄

葡萄果实属于浆果类，是水果中的珍品，营养丰富、用途广泛，既可鲜食又可加工成各种产品，如葡萄酒、葡萄汁、葡萄干等，因此是一种栽培价值很高的果树。

葡萄是藤状木本植物，其小枝有明显纵棱纹的圆柱形，枝条上有时会有稀疏柔毛［图2－9

(1)]。每隔2节间断有葡萄卷须，呈2叉状分枝且与叶对生。无毛或被疏柔毛的卵圆形叶长度为7~18厘米、宽度为6~16厘米，叶片具有显著的3~5浅裂或中裂，裂片常靠合且基部缢缩，裂缺一般狭窄，有时宽阔，基部则呈深心形，边缘有22~27个不整齐且齿端急尖的锯齿，叶片5出基生脉，中脉常伴随侧脉4~5对，网脉不明显突出；叶柄上几乎无毛，长度通常为4~9厘米；托叶往往早脱落［图2-9（2)］。

(1) 枝条

(2) 枝叶

图2-9　葡萄枝条和枝叶

葡萄的花很多，聚集成与叶对生、密集或疏散的圆锥花序，基部分枝发达，花序［图2-10（1)］长10~20厘米，长2~4厘米的花序梗上几乎无毛或者被有蛛丝状绒毛，花梗上也无毛，通常长1.5~2.5毫米；葡萄花的花蕾高2~3毫米，倒卵圆形，浅碟形的无毛花萼，边缘呈波状，5个帽状花瓣，5个丝状雄蕊，长不到1毫米，黄色的花药卵圆形，在雌花内花药明显短且败育或者完全退化，1个雌蕊，在雄花中雌蕊完全退化，子房呈卵圆形，花柱较短。葡萄果实呈椭圆形或球形［图2-10（2)］，直径为2厘米左右；葡萄种子倒卵椭圆形，椭圆形的种脐在种子背面中部，种子基部有短喙。葡萄开花期在4~5月份，而结果期在8~9月份。

葡萄在全世界有8000多个品种，最早产于埃及，埃及的栽培面积和产量一直居于世界首位。我国从汉代开始栽培，全国各地都有种植，相比较而言，北方较多，新疆、陕西、山西、河北、山东等地是葡萄主要产区。

(1) 花序

(2) 果实

图2-10　葡萄花序和果实

一、休闲园艺中葡萄的种植方式和管理

（一）葡萄的种植方式

首先选择合适的园地种植葡萄，然后施用腐熟的有机肥，并深翻40～60厘米，土肥混合，再沿着南北方向起垄成行，行与行之间相距2米左右，于3～5月份栽植苗木，每株之间相距1米左右。在种植之前，将苗木枯桩剪去，并将长根切成25厘米左右，清水中浸泡24小时后种植，拉伸根部，同时将幼苗的根往周围分散，再覆盖土壤，使根部与土壤紧密结合。种植深度以土壤覆盖到嫁接界面为宜。接着渗透一次水，再用塑料薄膜覆盖，以利于提高地温和保持水分，促进根系生长（图2－11）。随后，每行立一个高1.2～1.5米的架子，而每隔6米立一个水泥柱子（地下部分不少于40厘米），在柱子上每隔50厘米拉一根水平不锈钢丝。

图2－11 种植后地膜覆盖好的葡萄苗

图2－12 葡萄整形修剪要点

（二）管理要点

1. 水肥管理

刚移栽后特别需要注意水分管理，以提高成活率，而为了苗木长得壮，则需要遵循“先少后多”的原则合理施肥。一般6月底前施2次氮肥（尿素、人畜粪便等），如果是尿素而非人畜粪便，则每亩用尿素40千克左右；7～8月，施用两次复合肥，每亩用25千克左右；9～10月，每亩施用有机肥3立方米，复合肥100千克外加5千克钙、硼、锌微肥。此外，与杀虫、杀菌剂结合，喷洒0.3%尿素加0.3%磷酸二氢钾。值得一提的是，为避免水分被竞争，不可再种植其他作物。若种植早期或碰到干旱时，要及时浇水，但同时注意雨季排水，清除杂草也很重要。

2. 整形修剪

春季时剪掉多余的芽而只留下两个强壮芽即可（图2－12）。当留下的芽长到13～15片叶子时，留下1或2个次级尖端，且重复留下2～3片叶子。同时，去除卷须，一方面避免营养物质的消耗，另一方面也可以防止葡萄苗过度生长攀爬。除此以外，需要把新梢小心、均匀地绑到铁丝上，合理占用空间，并防止勒伤。

3. 病虫害防治

葡萄黑斑病和葡萄白腐病是葡萄树苗早期易发病害，葡萄霜霉病则是后期易发病害。防治病害过程中，需要喷施石硫合剂，且在发芽前交替喷多菌灵、甲基托布津、代森锌、百菌清、甲霜灵、抗病毒可湿性粉剂等 5 ~ 7 次。尤其在多雨的 8 月喷洒 3 ~ 4 次的 1∶0.5∶200 的波尔多混合物。害虫的防治可以使用毒死蜱、菊酯类、甲维盐、农地乐、阿维菌素等药剂，防治虎天牛、星毛虫、红蜘蛛等。

4. 培土防寒

整枝修剪后的枝蔓放在地面上，然后从 1 米外的根部取土，培土时拍实。防寒沟内灌封冻水，以增加土壤湿度，提高土丘内的温度。

二、 葡萄的营养成分

葡萄营养丰富，除了含有大量的维生素 C 外，还含有较多的糖分（葡萄糖和果糖）、酸类（酒石酸）、微量元素（钙、磷、铁等）等成分。中医认为，葡萄味甘且性平，经常食用能够强健筋骨和提振精神，对腰腿酸痛和风湿痛患者都有帮助。研究表明，葡萄中含有聚合苯酚，能与病毒或细菌中的蛋白质结合，从而使病毒或细菌失去传染疾病的能力，对于肝炎病毒、脊髓灰质炎病毒等均有作用。葡萄皮含有白藜芦醇，白藜芦醇能抑制发炎物质而缓解过敏，白藜芦醇还防止正常细胞癌变和抑制癌细胞扩散。维生素 B_{12} 同样存在于葡萄中，带皮葡萄发酵的 1 升红葡萄酒中含 12 ~ 15 毫克维生素 B_{12}，维生素 B_{12} 能抗恶性贫血。值得一提的是，葡萄中还含有维生素 P，因此，15 克葡萄种子油口服后即可降低胃酸毒性，而 12 克剂量则可利胆。类黄酮也是葡萄的成分，作为一种强抗氧化剂，类黄酮清除体内自由基，也抗衰老。此外，葡萄籽中的原花青素，因具有极强的抗酸和抗氧化功能，在人体中极易被吸收，快速清除自由基而紧致肌肤、延缓衰老，其美容效果远超维生素 C 和维生素 E。

三、 葡萄的食用方法

葡萄可以直接食用，也可榨汁、加工成葡萄干、葡萄酸奶、葡萄酒等。下面重点介绍葡萄干和葡萄酒的制作方法，充分展现葡萄在小型休闲园艺活动中的应用价值。

若是制作大量的葡萄干，制作方法基本都相同。选择“无核白”“无子露”和有籽的“玫瑰香”“牛奶”等品种为原料，因葡萄果实皮薄、外表美观、果肉丰满柔软、含糖量高。果实充分成熟但不熟过，采收以后，将太大的果串剪为几小串，同时除去太小和损坏的果粒，入清洗机清洗（图 2 – 13），然后铺放在晒盘上。接着用 1.5% ~4% 的氢氧化钠溶液或 0.5% 的碳酸钠溶液分别浸渍 1 ~5 秒或 3 ~6 秒后立即放到清水里冲洗干净，浸碱是为了缩短水分蒸发时间而加速干燥，通常可缩短 8 ~ 10 天。如果为得到白葡萄干，需要熏硫 3 ~ 5 小时。随后将葡萄装入晒盘暴晒 10 天左右，翻动表面干燥部分，湿的放在表层晒至 2/3 的果实呈干燥状，当捻果实无葡萄汁液渗出时叠起晒盘，再阴干 1 周。晴朗的天气全部干燥需 20 ~ 25 天（图 2 – 14）。再将果串堆放 15 ~ 20 天回软，干燥均匀、除去果梗后即得成品。

图 2 – 13　葡萄清洗机

图 2 – 14　葡萄晾晒

少量葡萄干的制作可以简化程序，加工方法更加绿色天然。选择颗粒均匀的葡萄，无论是红提还是葡萄，最好是无籽的。每颗都从枝上摘下后，清洗干净。再放入盐水中浸泡半小时。随后将葡萄表面的水分沥干，在烤网上以单层均匀铺开，放烤箱 150℃烤 0.5 小时后降到 120℃再烤 1.5 小时，即得到天然、耐贮藏的葡萄干（图 2 – 15）。

制作家用葡萄酒，首先选择皮红带酸涩的葡萄，冲洗干净放入缸中压碎，最好保留葡萄皮以达到最佳葡萄酒的味道，但剥皮可以获得酒味温和的葡萄酒。也可以选择压碎前不要洗净，利用葡萄皮上的天然酵母，加上空气中的酵母来酿造。葡萄洗净并且控制酵母的添加量可以得到满足自身喜好的葡萄酒的味道，而利用野生酵母生长容易走向恶臭。因此，在经验不足的情况下，尽可能洗净水果并控制酵母的添加量。直接用戴着干净手套的手或清洁后的工具，压碎并挤压葡萄释放出果汁，直到果汁的高度距离缸的顶部 3.8 厘米左右，若果汁量不够，则加入纯水填充。随后通过添加坎普登（Campden）片剂，利用释放出的二氧化硫杀死野生酵母和细菌。根据不同甜度要求添加蜂蜜或红糖。接下来向缸中倒入酵母，搅拌均匀。盖上棉布或其他透气的盖子，封口以防异物进入，但保证空气进出，环境温度调至 15 ~ 25℃，第 2 天揭开棉布并进行搅拌，搅拌均匀后再盖上。第 3 天每隔 4 小时左右搅拌一次，接下来的 3 天内每天搅拌几次。葡萄在酵母的作用下开始冒泡发酵，发现鼓泡减慢约 3 天后，过滤掉固体，并将液体虹吸到瓶中长期储存。液体吸入到器皿中后，在开口处固定气闸，以便释放气体，同时防止氧气进入而发生氧化，导致葡萄酒被破坏。没有气闸的情况下，可以用小气球代替，放置在开口上方，戳 5 个针脚大小的孔，替代气闸释放气体，后续葡萄酒逐渐变醇厚。值得注意的是，移除气闸随即加入坎普登片剂，防止因杂菌进入而破坏葡萄酒。将葡萄酒装入深色瓶子保存，尽量装到顶部，塞上木塞，让酒进一步陈化，也可以立即享用。

图 2 – 15　少量制作后的葡萄干

四、 清洗葡萄的方法

首先用剪刀把葡萄连蒂剪下来，去除腐烂或变质的果实，细心操作以免葡萄皮破。剪好的葡萄放进盆中，撒上面粉，面粉的强吸附力可有效吸附葡萄皮上的微生物和其他脏污，随后加入清水后抓洗，弃脏水再加适量的清水浸泡，最后冲洗干净即可（图 2－16）。

（1）加入面粉清洗葡萄

（2）加入面粉清洗后的葡萄

图 2－16　利用面粉清洗葡萄

第三节　猕猴桃

猕猴桃也称奇异果，实际上奇异果是猕猴桃的一个人工选育品种，因种植广泛而逐步成为猕猴桃的代称。我国是猕猴桃的原产地，20 世纪早期从湖北省引入新西兰，现已在世界多国均有种植。

猕猴桃枝被有柔毛，外表褐色而髓呈白色。幼枝上毛有多种，如灰白色星状茸毛、褐色长硬毛或铁锈色硬毛状刺毛，老枝只有断损残毛或无毛；猕猴桃的花枝长短不一［图 2－17（1）］，短的只有 4～5 厘米，而长的则达到 15～20 厘米，直径通常为 4～6 毫米；两年的枝条直径为 5～8 毫米，无毛，皮孔长圆形，清晰可见片层状或不清晰。猕猴桃叶一般无托叶，呈倒阔卵形至倒卵形［图 2－17（2）］，长度达到 6～17 厘米，而宽度达到7～15 厘米，顶端截平形、中间凹入或具突尖，叶片边缘具脉出的睫状小齿，叶片正面深绿色，无毛或有少量软毛，背面呈现苍绿色，有灰白色或淡褐色星状绒毛，侧脉 5～8 对，横脉较发达而网状小脉不发达；叶柄长度通常为 3～6 厘米，有三种毛即灰白色茸毛、黄褐色长硬毛或铁锈色硬毛状刺毛。

猕猴桃为 1～3 朵花的聚伞花序，花序柄和花柄长分别为 7～15 毫米和 9～15 毫米；花的苞片卵形，长约 1 毫米，均被灰白色或黄褐色茸毛；花生于叶腋，单生或数朵一起，直径1. 8～3. 5 厘米，花瓣由乳白色渐变为淡黄色，有香气。花的萼片呈阔卵至长卵状，3～7 片，长 6～10 毫米，两面均密被黄褐色绒毛；阔倒卵形花瓣有短爪，通常 5 片；雄蕊极多，黄色长圆形花药，长 1. 5～2 毫米；球形子房上位，直径约 5 毫米，被金黄色糙毛；多个丝状花柱［图 2－18（1）］。猕猴桃果实呈深褐色、卵形，横截面半径约 3 厘米，密被黄棕色长柔毛，果实内呈亮绿色的果肉中有多排黑色的种子［图 2－18（2）］。

（1）枝条

（2）枝叶

图 2－17　猕猴桃枝条和枝叶

（1）猕猴桃花

（2）猕猴桃果实

图 2－18　猕猴桃花和果实

一、休闲园艺中猕猴桃的种植方式和管理

（一）种植区域和适宜的环境条件

猕猴桃在我国种植广泛，陕西、四川、贵州、河南等长江流域及以北各地区均有分布，而大别山区、陕西省秦岭山区、贵州省修文县及湖南省西部、四川省西北部及湖北省西南部、广东省和平县、江西省奉新县、浙江省江山市为我国主要产区，其中陕西省种植面积最大。

猕猴桃属于阔叶果树，适宜在阴凉湿润之地生长，干旱、水涝或大风均不利于猕猴桃树的生长。猕猴桃虽然耐寒，但不能适应早春出现的晚霜。适宜生长的环境条件如下。

1. 喜光怕晒

猕猴桃植株利用散射光的能力极强，适宜生长在阴坡、半阴坡或河畔，但严重缺光会导致枝条枯死，故需要行距合理，新西兰行株距定为 5 米 ×5 米或 5 米 ×6 米（图 2－19）。

图 2-19　猕猴桃种植的合理行距

2. 喜水怕涝

猕猴桃叶片大，表面蒸腾作用非常旺盛，失水快，尤其在夏季（6~8 月份），土壤含水量需要维持在 70% 左右，而猕猴桃的根系是呼吸作用强烈的肉质根，又需要含量较多的氧，因此根据土壤水、气的消长关系，又不能过多浇水。

3. 温度适宜

温度是限制猕猴桃分布和生长发育的主要因素　猕猴桃大多数品种适宜温暖湿润的气候，即亚热带或温带湿润、半湿润气候，主要分布在北纬 18°~34°的地区，这些地区年平均气温在 11.3~16.9℃。不同品种的猕猴桃对温度的要求也不同，如中华猕猴桃和美味猕猴桃分别在年平均温度 4~20℃ 和 13~18℃ 生长发育最佳。

（二）管理要点

猕猴桃树的日常管理要点如下。

1. 水肥管理

由上述可知，猕猴桃喜水怕涝，而自身枝叶茂密且根系分布浅，因此需要灌水沟、排水沟、滴灌、喷灌等设备［图 2-20（1）］。滴灌虽然经济，但喷灌作用较大，夏季除了供水，还有增加空气湿度、降低树体温度的作用，在早春或秋冬喷灌可以用来防冻，此外，喷灌对结果大树更合适。通常喷灌器以喷水能互相接触的距离为佳［图 2-20（2）］。开花之前结合施肥把水灌足，开花期的 7~10 天内不宜灌水，以免影响授粉。雨季和秋季分别注意排水和控制灌水，以免影响果实及枝蔓成熟。最后在深秋入冬之前除东北的猕猴桃园要灌封冻水之外，其他地区也需灌水 1~2 次。除水分管理之外，猕猴桃的年需肥量也有一定的规律，早期需要大量的氮肥和钾肥，在秋季采果之后作为基肥，最好每亩施用有机肥 5000 千克、过磷酸钙 80 千克。后续从萌芽到开花结果，适当追施钙、镁、硼、铁、锰等元素。8 月份以速效磷肥和钾肥为主，每亩施氮肥 15~20 千克、磷肥 5~7 千克、钾肥 6~8 千克。

2. 花粉的采集和配比

在授粉前 2~3 天，选择花粉量多且萌芽率高、与雌性品种亲和力强、花期长的雄株，采集含苞待放或初开放的雄花，用小镊子或剪刀取下花，脱粉的方法有多种：①将花在 25~28℃ 平摊于纸上 1 天左右，等花药开散出花粉；②将花药摊桌面，距离 100 厘米上方使用

100 瓦灯泡照射，等花药开散出花粉；③花药上盖一层报纸，在阳光下脱粉，或在温度不高的热炕上脱粉。

花药开裂后用细箩筛出花粉（图 2－21），选择干净的玻璃瓶装入，贮藏于低温干燥处。－20℃的密封容器可保持纯花粉活力 1～2 年，5℃可贮藏 10 天以上。在干燥的室温条件下贮藏 5 天内的授粉坐果率可达到 100%，贮藏时间更长则花粉授粉后果实的质量逐渐降低，而贮藏 1～2 天的花粉授粉效果最好。

采集花粉有几点需要注意：第一，最好在天气晴朗的上午 9：00—11：00 和下午17：00—19：00 采花，碰到雨天湿润的花朵不要采；第二，只采收雄性花且不含花梗、沙石等杂质；第三，采摘主花时保护耳花；第四，花朵采收后在最短的时间内，分批存放在凉爽、干燥的地方，使用透气的袋子或硬纸板托盘，注意避光。选择不同的填充物，如滑石粉、松花粉、淀粉等，按照 1∶5～1∶10 比例与花粉配比，现配现用，以节约花粉。

3. 授粉方法

最好在每天的 8：00—11：00，选择当天开放的雌花连续授 3 次，效果最佳。雌花开放 5 天内均可进行授粉，但开放时间越长，果实内的种子数和果实大小会逐渐下降。授粉方法包括：

（1）对花授粉　晴天上午 10：00 以前，用当天开放的雄花直接对着刚开放的雌花，以雄蕊轻轻在柱头上涂抹，一朵雄花可授 7～8 朵雌花。该方法速度慢，但授粉效果最好。

（2）蜜蜂授粉　因猕猴桃花没有蜜腺，故需要较大量的蜂，大约 3 万头活力旺盛的蜜蜂方可满足 1334 平方米的猕猴桃园，且选择约有 10% 的雌花开放时将蜂箱移入园内向阳处。园中及附近不能有刺槐、柿子等与猕猴桃花期相同的植物，每 2 天给每箱蜜蜂喂 1 升 50% 的糖水，保持蜜蜂活力且不分散，蜂箱还应放置在园中。

（3）散花授粉　分别在上午 6：00—8：00 和 9：00—11：00 时收集当天开放的雄花并用毛笔撒在雌花柱头上。

（4）简易授粉器授粉　用装有通气管的塑料瓶将稀释后的花粉吹向柱头，或用小毛笔蘸取花粉，涂在雌花的柱头上（图 2－22）。

（5）检查补授　授粉 24 小时后找到乳白色而非淡黄色的柱头补授花粉，连续进行 2～3天。

（1）喷灌设备

（2）喷灌距离

图 2－20　猕猴桃喷灌管理

（1）待取花粉的猕猴桃雄花

（2）用细箩筛出猕猴桃花粉

图 2－21　猕猴桃花粉的采集

图 2－22　用毛笔为猕猴桃授粉

4. 病虫害防治

猕猴桃最主要的虫害为桑白质蚧，杀螟松可以有效防治。猕猴桃病害包括花腐病、叶枯病、灰霉病、软腐病及熟腐病及线虫病害，分别采用石硫合剂、代森锌、托布津、敌菌丹、多菌灵及克线磷防治。

二、 猕猴桃的营养成分

猕猴桃营养价值很高，含有猕猴桃碱、蛋白水解酶、单宁果胶和糖类等有机物，以及钙、钾、硒、锌等微量元素和人体所需的 17 种氨基酸，还含有 10.2% ~17% 可溶性固形物，其中糖类占 70%，含酸量 1.69%。尤其因每 100 克含有维生素 C 105.8 毫克和微量元素硒 2.98 毫克而被称为“营养金矿”和“保健奇果”。

猕猴桃含有优质的膳食纤维和丰富的抗氧化物质，能够起到清热降火、润燥通便的作用；含有抗突变成分谷胱甘肽，有利于抑制诱发癌症基因的突变；富含精氨酸，能有效地改善血液循环，阻止血栓的形成；含有大量的天然糖醇类物质肌醇，能有效地调节糖代谢，调节细胞内的激素和神经的传导效应；含有维生素 C、维生素 E、维生素 K 等多种维生素，属营养和膳食纤维丰富的低脂肪食品，对减肥、健美、美容有独特的功效；含有丰富的叶酸，叶酸是构筑健康体魄的必需物质之一，能预防胚胎发育的神经管畸形；含有丰富的叶黄素，叶黄素在视网膜上积累能预防斑点恶化导致的永久失明；含有抗氧化物质，能够增强人体的自我免疫功能。

三、 猕猴桃的食用方法

猕猴桃可以生食，也可以制成猕猴桃干、猕猴桃汁、猕猴桃沙拉、猕猴桃果酒（图 2－23）等。下文重点介绍猕猴桃干和猕猴桃汁的制法。

(1)猕猴桃干

(2)猕猴桃汁

(3)猕猴桃沙拉

(4猕猴桃果酒

图 2－23　猕猴桃制品

选用新鲜、稍硬的猕猴桃洗干净，将猕猴桃削皮，切成片状（不要太薄），装入一个大一点的容器中，倒入适量的白醋和盐，搅拌均匀，腌制 3 个小时左右以去涩。将腌制好的猕猴桃用清水冲洗 2～3 遍，再浸泡 3 小时，中间可以换 2～3 次水。烧一锅开水，将猕猴桃片放入开水中，煮 3 分钟左右，直到猕猴桃片变色。将猕猴桃片从锅中捞出，倒入冰糖，搅拌均匀，每隔几分钟搅拌一次。盖上盖子，腌制 8 个小时以上。摆放在烤盘上的油纸或锡箔纸上，放进烤箱，低温烤制 6 个小时左右，直到猕猴桃慢慢开始收缩变色、手掰不动即可（图 2－24）。

(1)制作猕猴桃干的切片

(2)烤箱烘烤

(3)自制猕猴桃干成品

图 2－24　猕猴桃干的制作

猕猴桃汁的制作方法非常简单，将猕猴桃去皮切小块，放入榨汁机，加入适量矿泉水，打匀即可（图 2－25），根据自身的爱好加入蜂蜜或加入其他水果调味，饮用前也可以加入冰块。

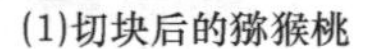

(1)切块后的猕猴桃　　(2)将猕猴桃放入榨汁机　　(3)猕猴桃汁成品

图 2-25　猕猴桃汁的制作

四、食用猕猴桃的禁忌

猕猴桃性寒，不宜多食，脾胃虚寒者应慎食，腹泻者不宜食用。先兆性流产、尿频者忌食。由于猕猴桃中维生素 C 含量颇高，易与奶制品中的蛋白质凝结成块，不但影响消化吸收，还会使人出现腹胀、腹痛、腹泻，故食用猕猴桃后不要马上喝牛奶或吃其他奶制品。

参考文献

[1] ANTHOPOULOU T, PARTALIDOU M, MOYSSIDIS M. Emerging municipal garden－allotments in Greece in times of economic crisis: Greening the city or combating urban neo－poverty [C] //E－Proceedings of the XXV ESRS CongressLaboratorio Di Studi Rurali. Pisa, Italy: SISMONDI, 2013.

[2] BENJAMIN G, MICHAEL H, JOHN F, et al. Urban versus conventional agriculture, taxonomy of resource profiles: A review [J]. Agronomy for Sustainable Development, 2016, 36 (9). DOI 10.1007/s13593－015－0348－4.

[3] DANIEL R B, NOEL C, ERIKA A, et al. Food sovereignty, urban food access, and food activism: Contemplating the connections through examples from Chicago [J]. Agriculture and Human Values, 2012, 29 (2): 217－230.

[4] FAO. The future of food and agriculture: Trend and challenges [R]. Rome: Food and Agriculture Organization of the United Nations, 2017.

[5] GROENING G. The World of small urban gardens [J]. Chronica Horticulturae, 2005, 45: 22－25.

[6] HUYLENBROECK G V. Multifunctionality of agriculture: A review of definitions, evidence and instruments [J]. Living Reviews in Landscape Research, 2007 (1): 3.

[7] INGO Z. Multifunctionalperi－urban agriculture: A review of societal demands and the provision of goods and services by farming [J]. Land Use Policy, 2011, 28 (4): 639－648.

[8] KATHRIN S, THOMAS W, KRISTIN S, et al. Socially acceptable urban agriculture businesses [J]. Agronomy for Sustainable Development, 2016, 36 (1): 1－14.

[9] KIM E, TORNAGHI C. Critical geography of urban agriculture [J]. Progress in Human Geography, 2014, 38 (4): 551－567.

[10] LWASA S, MUGAGGA F, WAHAB B, et al. Urban and peri – urban agriculture and forestry: Transcending poverty alleviation to climate change mitigation and adaptation [J]. Urban Climate, 2014, 7: 92 – 106.

[11] METSON G S, BENNETT E M. Phosphorus cycling in Montreal's food and urban agriculture systems [J]. PloS One, 2015, 10 (3): e0120726.

[12] MOK H F, VIRGINIA G W, JAMES R G, et al. Strawberry fields forever? Urban agriculture in developed countries: A review [J]. Agronomy for Sustainable Development, 2014, 34 (1): 21 – 43.

[13] THEBO A L, DRECHSEL P, LAMBIN E F. Global assessment of urban andperi – urban agriculture: Irrigated and rain fed croplands [J]. Environmental Research Letters, 2014, 9 (11). DOI: 10.1088/1748 – 9326/9/11/114002.

[14] 邓伟志. 生活的觉醒：漫话生活方式 [M]. 上海：上海人民出版社，1985.

[15] 高瑞霞. 社区支持农业：合作新思维推动有机生活 [J]. 中国合作经济，2009 (12): 24 – 26.

[16] 李仲广，卢昌崇. 基础休闲学 [M]. 北京：社会科学文献出版社，2004.

[17] 苏富高. 杭州居民休闲生活质量影响因素研究 [D]. 杭州：浙江大学，2007.

[18] 王雅林. 闲暇社会学 [M]. 哈尔滨：黑龙江人民出版社，1992.

CHAPTER 3

第三章 休闲园艺中的常见蔬菜

何谓蔬菜？所谓蔬菜就是一年生、二年生、多年生的草本植物的全株或其根、茎、叶、花、果、籽发育成变态器官的可食用部分，可食用部分柔嫩多汁或有特殊风味，并具有一定的营养价值。

蔬菜的营养物质主要包含蛋白质、矿物质、维生素、膳食纤维等，这些物质的含量越高，蔬菜的营养价值也越高。水分和膳食纤维相对含量也是蔬菜很重要的营养品质指标。鲜嫩度较好的蔬菜通常水分含量高、膳食纤维少，其食用价值也较高。但是膳食纤维从保健的角度来看又是一种必不可少的营养素。蔬菜的营养价值很高，20 世纪 90 年代世界粮农组织统计结果表明，人体必需的维生素 C 的90%、维生素 A 的60%均来自蔬菜，可见蔬菜对人体健康的贡献之巨大。此外，蔬菜中的类胡萝卜素、有机硫化合物等化学物质也被公认为是对人体健康有益的成分，许多蔬菜还含有番茄红素、前列腺素等独特的微量成分，这些成分对人体有着特殊的功效。

第一节　根类蔬菜

一、萝　　卜

（一）分类

萝卜品种资源在我国十分丰富，分类方法也不同。如按照种植季节的不同可分为四季、夏秋、秋冬、冬春和春夏萝卜。

四季萝卜：生长期较短（30～40 天）、肉质根小，耐寒较强、较强适应性、抽薹晚、一年四季均可种植，四季萝卜种植以长江以南为主。

夏秋萝卜：这个季节种植的萝卜具有很强的耐热、耐旱、抗病虫害等特性。在北方种植居多，一般夏季播种秋季收获，九十月份上市。高温季节是该萝卜的生长期，所以要注意管理。

秋冬萝卜：夏末秋初播种，秋末冬初收获，生长周期 60～100 天。该季节的萝卜大中型品种居多，具有品质好、产量高、较耐贮藏、可以长时间供应市场，种植面积最大。

冬春萝卜：以南方种植为主，秋末播种，露地越冬，次年二三月份收获，具有较强耐寒性、不易空心、抽薹迟等特点。

春夏萝卜：三四月份播种，五六月份收获，生长周期为45～70天，具有产量低、市场供期短、易抽薹等特征。

秋冬、冬春、春夏萝卜和夏秋萝卜以北方种植居多，且多以露天栽培种植为主。

（二）栽培管理中的常见问题及防治措施

在种植管理中容易出现先期抽薹、辣味、苦味、糠心、裂根（图3－1）或杈根等问题。而以上这些问题都会使萝卜的肉质根在未膨大前抽薹，轻则糠心、质地坚硬、质量下降，重则减产甚至绝收。究其原因有以下几点：①种子在萌动以后，遇到了低温进而通过春化作用；②种子问题：选用不当的品种或用了往年的种子；③播期问题：过早播种，又遇干旱和高温；④管理问题：粗放管理。

图3－1　萝卜裂根

在防治措施方面，可以采用以下几种措施：①品种选用方面：采用冬性强的品种；②引种方面：严格控制从低纬度地区向高纬度地区引种；③种子方面：采用新种子播种；④播期方面：要适期播种；⑤管理方面：水肥管理方面要加强。

（三）萝卜的营养价值

萝卜为一年生或二年生草本植物，属于十字花科。我国萝卜种植有着悠久的历史，南方、北方均有种植。萝卜中含有淀粉酶和芥子油，这两种特殊的物质具有助消化、增食欲之功效。萝卜性寒、味甘辛，入人脾、胃、肺经；能消积滞、化痰热、下气宽中且解毒。通常用于食积胀满、咳嗽失声、吐血、衄血、消渴、肿瘤、痢疾、便结、头痛、偏头痛等病症。100克萝卜主要营养成分为水分含量91.7克、蛋白质0.6克、碳水化合物5.7克、钙49毫克、磷34毫克、铁0.5毫克、维生素C 30毫克，另外还含有木质素、锌、芥子油、淀粉酶、胆碱、葡萄糖氧化酶腺素等多种成分。萝卜的食疗功效有增强机体免疫、帮助消化等。究其原因有以下几点：①维生素C和微量元素锌，可以增强人体机体的免疫功能，抗病能力也随之提高；②芥子油具有增食欲、助消化、促胃肠蠕动、助营养吸收的功效；③淀粉酶可以分解食物中的淀粉、脂肪，使营养物质得到充分吸收；④木质素可以增加巨噬细胞的活力，吞噬癌细胞；⑤其他多种酶，可以分解亚硝酸胺等物质，使之具有防癌之功效。

（四）食用方法

1. 萝卜豆腐汤

豆腐200克、萝卜400克。首先洗净萝卜，去皮切丝，入沸水煮稍许，捞出用冷开水浸凉，豆腐切成粗条；加油烧热炒锅，放入葱末炸锅，随即添汤，放萝卜丝、豆腐条，用旺火烧沸；待萝卜熟透，加入味精、盐，小火炖至入味，出锅装入汤碗，撒上胡椒粉、香菜末即成。此汤具有消食除胀、健脾养胃之功效。适用于脘腹胀满、呕吐反酸、脾胃虚弱及食少不香、病后体虚等。此汤容易消化，老少皆宜，为理想的保健汤汁。

2. 红梅萝卜团

萝卜100克、冬笋50克、冬菇50克、鸡蛋1个。首先洗净萝卜、去皮切成细丝，入沸水片刻，再置凉水中浸泡，捞出挤干水分，放在小盆内备用；冬笋、冬菇洗净切成末，与萝卜丝混合在一起，加味精、盐、麻油等调料拌均匀，做成萝卜球；鸡蛋磕入碗内，再放入一些淀粉；面粉拌匀备用；油入炒锅烧热后，把萝卜球蘸鸡蛋糊下油锅，而后放入番茄酱煮片刻，即可食用。此菜味道鲜美，制作精巧，具有化痰止咳、养益脾胃之功效，经常食用可以改善肺热咳嗽、疾热、脾胃不和、胃热等各类病症。

3. 萝卜羊肉汤

萝卜300克、羊肉200克、豌豆100克。首先洗净羊肉切成小块，放入砂锅内加水煮沸，除去汤上面的泡沫；洗净萝卜切块，与豌豆一起放入羊肉汤中，大火烧开，而后用小火煨，出锅前放入适量的胡椒和食盐，稍煨一下，再放香菜于汤内即成。此汤具有补中强体、益气养血之功效。适于脾胃虚弱、气血不足而引起的面色苍白、头晕目眩、精神疲乏、饮食少进者食用，体虚者、老年者均可以食用。

4. 萝卜蜂蜜汁

生萝卜汁500毫升、蜂蜜50毫升。首先洗净萝卜切丝、绞榨取汁，而后加入蜂蜜（按10∶1的比例配制），搅拌均匀即可。此汁具有平肝降逆之功效，经常饮用可以降血脂和血压，对动脉硬化和高血压的病人是良好的辅食。如果在萝卜蜂蜜汁中再加入数滴生姜汁，还可以缓解呃逆、呕吐等病状。

注意事项：萝卜由于性偏寒凉爽而利肠，脾虚泄泻者慎食或少食。

《食疗本草》："行风气，去邪热气。"《日用本草》："宽胸膈，利大小便，熟食之，化痰消谷；生啖之，止渴宽中。"民间谚语："晚吃萝卜早吃姜，不需医生开药方""萝卜上了街，药铺取招牌。"

二、胡萝卜

胡萝卜为二年生草本植物、属伞形科胡萝卜属，又名"红萝卜"。原产于中亚一带，元朝时传入我国。胡萝卜具有生长健壮、适应性强、病虫害少、耐贮运、管理方便等优点，全国各地均有种植，北方栽培更普遍。

（一）栽培方式和分类

1. 栽培方式

春季栽培以三四月份播种居多，收获时间为六七月份，如想播种期适当提前，可以利用地膜和小拱棚覆盖技术；秋季栽培，北方以六七月份播种居多，收获时间为10月中下旬至11月上旬，长江流域可于7月份下旬至8月份中下旬播种，收获时间为11月下旬至12月上旬，而华南区域一般于8～10月份播种，露地越冬后，收获时间为次年春二三月份。春季、夏季和秋季栽培多为露地栽培，设施栽培多为春提早和越冬茬。

2. 分类

根据肉质根形状，胡萝卜可分为四种类型。

（1）长圆柱形胡萝卜　肉质根长20～40厘米，肩部柱状，尾部钝圆，晚熟。南京长红胡萝卜、沙苑红萝卜、常州胡萝卜等为代表品种。

（2）长圆锥形胡萝卜　细长的肉质根，长20～40厘米，先端渐尖，中熟、晚熟居多。四川小缨胡萝卜、小顶金红胡萝卜、山西等地的蜡烛台、汕头红胡萝卜等为代表品种。

（3）短圆柱形红胡萝卜　肉质根一般小于19厘米，短柱状，有中熟、早熟两种。华北和东北的三寸胡萝卜、西安红胡萝卜、小顶黄胡萝卜、新透心红等为代表品种。

（4）短圆锥形胡萝卜　根长小于19厘米，圆锥形。夏播鲜红五寸、烟台五寸、新黑田五寸胡萝卜等为代表品种。

（二）栽培管理要点

以春播胡萝卜栽培技术为例介绍胡萝卜的种植方法和管理要点。

1. 种植方法

首先品种的选择，宜用抽薹晚、耐热性强、生长期短的小型品种。在施肥整地方面，对土壤的质量要求较高，宜选择较深耕层、土质疏松、排水良好的壤土或沙壤土。每亩施有机肥（腐熟充分）3000千克、草木灰150千克或生物钾肥12千克，深耕细耙，把砖石杂物清除。在北方区域多用低畦，在南方区域多用高畦，畦宽1.5～2.0米。播种方面应注意，过早春播易抽薹，播种过晚肉质根膨大时正处在高温雨季，易造成肉质根沤根或畸形。据生产经验得知，春播品种选用耐抽薹品种，较适宜播种的温度是在日平均温度10℃与夜平均温度7℃。

由于胡萝卜种子发芽率低、发芽慢，为提高种子出苗率，可在播种前进行催芽处理。播种时按15～20厘米的行距开深、宽均为2米的沟，将种子拌湿沙均匀地撒在沟内，按照每亩为1.5千克左右的用种量。播后覆土1～1.5厘米，然后镇压、浇水。播种后可在垄上覆盖一些麦秸或稻草，这样既可以保持土壤中的水分，又可以防止阳光曝晒产生高温，在出苗以后可以撤去覆盖物。

2. 田间管理要点

（1）出苗以后间苗要及时　在两三片真叶时进行第一次间苗，留苗株距3厘米；在三四片真叶时进行第二次间苗，留苗株距6厘米。在每次间苗的时候都要结合中耕松土。

（2）定苗时期　选在四五片真叶时，小型品种株距12厘米，每亩保苗四万株左右；大型品种株距15～18厘米，每亩保苗3万株左右。

（3）间苗和定苗的同时要结合除草，条形播种的还需要中耕松土。播种至齐苗期间应使土壤保持湿润，一般连续浇水两三次。

（4）幼苗期应尽量控制浇水，保持土壤见干见湿，这样可以有效控制叶片徒长。

（5）幼苗达到七八片真叶、肉质根开始膨大时，就可以结束蹲苗。

（6）肉质根膨大期间地面应保持湿润，应防止忽干忽湿现象，这样就可以有效避免出现裂根等肉质根质量问题。

（7）整个生长期追肥2～3次　第一次施肥于定苗后，以后每次追肥相隔20天左右。胡萝卜对土壤溶液浓度很敏感，追肥量宜小，并结合浇水进行。通常每亩每次追施优质有机肥150 千克左右或复合肥 25 千克。

（8）除此之外，在中耕的时候应注意培土，还应注意防止肉质根膨大露出地面，而形成青肩的胡萝卜；收获时间根据品种而定，早熟品种一般 80～90 天，中晚熟品种一般 100～200 天；上市时间根据肉质根发育情况而定，一般来说充分发育、符合商品要求，即可上市。

（三）胡萝卜的营养价值

胡萝卜性微寒，味微苦甘辛；可入肺、胃、肝经，起到补肝益肺、下气补中、健脾利尿、祛风散寒的功效；适用于小儿夜盲、疳积、胸膈痞满等。胡萝卜具有丰富的营养价值，每 100 克胡萝卜中含有碳水化合物 7.6 克、脂肪 0.3 克、蛋白质 0.6 克、钙 32 毫克、磷 30 毫克、铁 0.6 毫克、胡萝卜素 3.62 毫克、核黄素 0.05 毫克、烟酸 0.3 毫克、硫胺素 0.02 毫克、抗坏血酸 13 毫克、另外还含有钴、锰、氟等微量元素。

胡萝卜有以下几个方面的功效：增强免疫、益肝明目、健脾除疳、利膈宽肠、强心、降糖、降脂、降压等，究其原因是胡萝卜中含有大量胡萝卜素，摄入人体以后，在肝脏及小肠黏膜内经过酶的作用，其中一半变成了维生素 A，而维生素 A 具有补肝明目作用，也可用于治疗夜盲症。胡萝卜含有植物纤维，可以刺激肠道蠕动，具有通便防癌、利膈宽肠的功效。维生素 A 也是骨骼正常生长发育的必需物质、是机体生长的要素，有助于提高机体的免疫功能；在预防上皮细胞癌变方面具有重要作用。胡萝卜中的木质素也能提高机体免疫力，间接消灭癌细胞。胡萝卜中也含有降糖的物质，是糖尿病人的福音；胡萝卜中还含有其他一些有效成分，如槲皮素能降低血脂、促进肾上腺素的合成、增加强冠状动脉血流量，是冠心病、高血压病人食疗的佳品。

（四）食用方法

1. 拌胡萝卜

胡萝卜干 200 克、葱花 10 克、炒花生仁 75 克。首先将胡萝卜干放入开水内，泡胀以后洗干净，而后切成大颗粒。把花生仁去皮，用刀把花生仁拍碎如绿豆大小。将胡萝卜粒放入大碗内，加入精盐、葱花、酱油、味精、白糖拌匀，放入盘内，撒上花生粒，再淋入少许香油即可。此菜具有补肝益肺、健脾开胃的功效。适用于食欲不振、小儿疳、夜盲症等。

2. 凉拌三丝

青萝卜、白萝卜、胡萝卜各 150 克。首先将胡萝卜洗净去皮，切成细丝，放入盆内，加入精盐搅拌均匀，腌十分钟后挤干萝卜丝中的水分，再放入盘内，加入味精、精盐、香油、白糖搅拌均匀便食用。此菜清脆爽口、色泽鲜艳，具有下气通便、宽肠利膈的功效。适用于食欲不振、醉酒、食油腻过度等。便秘者也可以经常食用。

3. 清炒胡萝卜

将胡萝卜、姜、蒜、葱等洗净切丝，锅放在旺火上，加入油、姜丝、蒜丝、葱丝、精盐煸炒，等到有香味以后，再倒入胡萝卜丝，旺火炒至七分熟时，就可以起锅装盘。此菜鲜香适口，具有增强免疫机能、防癌抗癌、健脾祛寒的作用。老少皆宜，糖尿病患者尤其适宜。

4. 胡萝卜炒猪肝

首先将胡萝卜洗净切细丝，而后与生姜丝入油锅中炒至半熟后起锅待用。把猪肝切成薄片，放入用黄酒、酱油调而成的卤汁浸渍，每个猪肝片都滚上干淀粉。将油锅烧至七分热时，将猪肝放入锅内划熟，倒出沥油。再在原锅里加酱油、盐、酒、味精、糖。用水、淀粉着腻，浇上熟油，与猪肝拌匀，装盆即成。此菜营养丰富、外脆内嫩、色泽鲜艳，具有补虚益肝的功效，也可以辅助治疗坏血病、营养不良、维生素 A 缺乏所致的夜盲症。

5. 胡萝卜烧肉

首先准备胡萝卜 500 克、精肉 250 克。将胡萝卜、猪肉洗净后，切成象眼块。入锅时先下肉块，待煮至八成熟时，再下胡萝卜块，加入酱油、精盐等调味品，等到胡萝卜八分熟时就可以起锅装盘。此菜营养丰富，具有补益气血、润肺益肝等功效。四肢倦怠、体质虚弱、饮食减少者尤为适宜。

注意事项：由于胡萝卜素是脂溶性物质，不宜多生食，最好是以油炒肉炖这种烹饪方式，有利于人体吸收。但不宜加热过长，以免胡萝卜素被破坏；烹调胡萝卜时，切记不可以加醋，醋可导致胡萝卜素损失。

《本草纲目》："下气补中，利胸膈肠胃，安五脏，令人健食。"《随息居饮食谱》："葫芦派，皮肉皆红，亦名红芦菔，然有皮肉皆黄者。辛甘温、下气宽肠、气微燥。"《岭南采药录》："治水瘟，百日咳，小儿发热。"

第二节　白菜类蔬菜

一、白　　菜

大白菜营养丰富，叶球品质柔嫩、产量高、耐贮运、易栽培、符合我国消费习惯，全国各地普遍栽培，具有通利肠胃、清热除烦、消食养胃之功效。适用于口渴、头痛、肺热、咳嗽、咽干、丹毒、痔疮出血、大便结等。

（一）种植分布、栽培方式和分类

1. 种植分布

目前大白菜可以四季栽培，周年供应，但仍以秋冬栽培为主，由于我国幅员辽阔，气候差异很大，秋季播种季节各地相差悬殊，长江以北多在 8 月上中旬播种，沿长江一带多在 8 月中、下旬播种，长江以南地区在 8 ~ 10 月份均可播种。南宁、拉萨等地区因海拔较高分别在 6 月下旬和 7 月中下旬播种。总之，从北向南播种期呈延后的趋势。

2. 栽培方式

春季地膜覆盖栽培从北向南可以在 2 ~ 4 月份播种。夏季栽培从北向南可以在四五月份播种。

（1）结球白菜　不宜连作，也不宜与其他十字花科蔬菜轮作，这是预防病虫害的重要措施之一，可以与粮食作物及其他经济作物轮作。经过长期的进化、定向培育和选择，结球白菜亚种逐步形成了散叶变种、半结球变种、花心变种、结球变种三个变种。

①散叶变种：为原始类型，不形成叶球，以中生叶为产品，耐寒和耐热性较强，代表品种有北京仙鹤白、济南白菜等。

②半结球变种：是散叶变种受到较好栽培条件的影响而形成的变种。

③花心变种：是由半结球变种进一步进化而形成的一个变种，代表性品种有北京翻心白、翻心黄、济南小白心等。

④结球变种：是由花心变种进一步加强顶生叶的抱合形成的高级变种，顶生叶发达，形成坚实的叶球，是目前普遍栽培的变种。

3. 分类

大白菜因起源地及栽培地的气候条件不同而产生了两个基本生态型。

（1）卵圆类型　适宜于气候温和、昼夜温差较小、空气湿润的气候，多分布沿海地区和四川、云南、贵州等温和湿润地区，代表性品种有山东的福山包头、胶县白菜、东北的旅大小根、二牛心等。

（2）平头类型　能适应气温变化激烈、空气干燥、昼夜温差较大、阳光充足的内陆地区，原来的栽培中心多分布在内陆省市，代表性品种有洛阳包头、太原包头白、冠县包头、菏泽包头等。

（二）种植方法及管理要点

以春季栽培技术要点、夏秋栽培技术要点为例介绍大白菜的种植方法及管理要点。

1. 春秋栽培

春季栽培历经春夏之交，日均温10～22℃的温和季节很短，早春低温易通过春化，后期遇到长日容易抽薹，不易结球，结球期正值高温季节植株易腐烂。栽培上应注意以下几点。

（1）品种选择　选生长期短、耐寒、冬性强的早熟品种，整地作畦，施足底肥。春早熟栽培多用畦作，也可垄作，整地前要施足底肥。

（2）适期早播　北方一般断霜前20天左右播种，并覆地膜。用小棚育苗者还晚，应减少灌水次数，后期气温升高时再加大灌水量。施肥较秋、冬栽培应适当提前。春季病虫害较重，应及时防治。

（3）适时采收　收获时期应根据成熟情况，市场价格分批采收，及早供应市场。

2. 夏天栽培

夏季栽培因温度较高，雨量大，栽培上应注意以下几点。

（1）品种选择　选择早熟、耐热、抗病、高产的品种。

（2）整地与施基肥　夏季栽培应及早灭茬整地，消灭残留害虫，并施基肥。

（3）播种时期　结球白菜夏季栽培播期并不严格，可根据上市季节而定，在黄河中下游地区可在5月中旬至7月下旬都可进行播种，可直播也可育苗。如果育苗最好进行遮阳、降温和防雨措施。应适当密植。

（4）田间管理　由于夏季高温，应勤浇水，以降低地表温度，改善田间小气候，夏季大雨过后要及时排水，并进行“涝浇园”。在施足底肥的基础上，要勤施速效氮肥，并适当增施磷、钾肥。不要蹲苗，加大肥水，一促到底，这样可增强植株长势，提高植株的抗性。注意中耕锄草和夏季防涝。

（5）及时收获　夏秋温度高，叶球易腐烂，应适时早收，及时供应市场。

（三）大白菜的营养价值

大白菜的营养成分比较丰富。每100克大白菜含水分95.5克、蛋白质1.5克、脂肪0.2克、碳水化合物2.18克、粗纤维0.4克、灰分0.6克、胡萝卜素0.01毫克、维生素B_1 20毫克、维

生素 B_2 0.04 毫克、烟酸 0.3 毫克、维生素 C 20 毫克、钙 61 毫克、磷 37 毫克、铁 0.5 毫克、钾 199 毫克、钠 70 毫克、镁 8 毫克、氯 60 毫克，并含有铜、钴、硅、镍、硒、锰、硼、锌、铝等多种微量元素。大白菜具有帮助消化、利肠通便、补充营养、消食健胃疾病等功效，究其原因是大白菜中含有大量的粗纤维，它具有促肠壁蠕动、助消化、促排便、防大便干燥、稀释肠道毒素的作用，有助于营养吸收。

大白菜清爽味美、健脾开胃，含有多种维生素、脂肪、蛋白质及铁、磷、钙等矿物质，经常食用可以增强人体的免疫功能，对于健美及减肥也同样具有意义。人们发现一颗熟的大白菜几乎能提供与 1 杯牛奶同样多的钙，可以确保人们所需的营养成分。研究显示，大白菜含有活性成分吲哚 –3 – 甲醇，这种物质可以分解雌激素（这种雌激素与乳腺癌发生息息相关）。

（四）食疗保健食谱

1. 白菜墩

大白菜心 1 颗（约 500 克）、腊肉片 20 克，姜片、葱段各适量。首先将白菜心洗净、沥水、再切成两段，放入盆内，加入腊肉片、姜片、葱段、肉汤、料酒，上笼蒸约 1 个小时，等到白菜酥烂时，再放入味精、白胡椒粉、盐、鸡油即可。此菜具有滑窍利水、养胃通络的功效。适用于胃纳不佳、大便干结、小便不利等。

2. 开水白菜

白菜心 500 克。首先将白菜心洗净，放入沸水中烧至断生，即捞出再入凉开水漂凉，漂凉后捞出顺放在菜墩上，用菜刀修整齐，放在汤碗内，加佐料，上笼用旺火蒸 2 分钟取出，漂去汤；用沸清汤 250 毫升过一次，沥水，炒锅置旺火，放入高汤，再加入少许胡椒粉，烧沸后，撇去浮沫，倒入盛有菜心的汤碗内，上笼蒸熟即成。该菜菜绿味鲜、汤清如水，具有增强食欲、通便益胃的作用。适用于热病愈后大便不畅、体虚消化力弱等。

3. 金边白菜

大白菜 500 克、干红辣椒丝 7.5 克、适量的湿淀粉。大白菜洗净，切成 3 厘米长、1.5 厘米宽的长条；辣椒切开、去子、切成 3 厘米长的段；把菜油烧至七分热，放入辣椒直至炸焦，而后放入白菜、姜末，用旺火急速煸炒，加精盐、白糖、醋、酱油，煸至刀茬处出现金黄色，再用湿淀粉勾芡，再浇上麻油，翻炒完以后就可装盘。此菜具有助食养胃的功效，适用于食欲不振、脾胃虚弱等。

注意事项：大白菜性偏寒凉，胃寒腹痛，大便清泻及寒痢者不可多食。

《本草拾遗》："食之润肌肤，利五脏，且能降气，清音声。惟性滑泄，患痢人勿服。"《中医食疗营养学》："气虚胃寒者不宜多食。"

二、结球甘蓝

结球甘蓝为二年生草本植物，十字花科芸薹属甘蓝种中顶芽或腋芽能形成叶球的变种，别名洋白菜、卷心菜。地中海至北海沿岸均是它的起源地。现在的结球甘蓝是从不结球野生甘蓝演化而来，在世界各地均有种植。由于结球甘蓝适应性比较强，除了北方严冬季节需进行设施栽培外，其他均可进行露地种植；而在华南，除炎夏季节外也均可进行露地栽培；长江流域气候比较适宜，一年四季均可栽培。

（一）分类

按照叶球形状可分为圆头型、尖头型和平头型。

1. 圆头型

圆头型叶球顶部呈圆形，整体呈高桩圆球形或圆球形。外面的叶少但结球比较紧实，冬性比较弱，在春季种植时容易先期抽薹，以中早熟或早熟品种居多。

2. 尖头型

尖头型叶球比较小，形状为牛心形。长卵形的叶片、中肋较粗、长内茎，宜于春季栽培，不易先期抽薹，早熟小型品种居多。

3. 平头型

平头型叶球顶部为扁平形，整体呈扁球形。较强抗病性、较广的适应性、比较耐贮运，晚熟或中晚熟品种居多。

（二）种植方法及管理要点

以夏甘蓝栽培及温室甘蓝栽培为例介绍甘蓝种植方法及管理要点。

1. 夏甘蓝栽培

由于夏甘蓝生长期处于多雨高温季节，病、虫及杂草危害严重，有时还会遇干旱高温，严重影响夏甘蓝的品质和产量，因此夏甘蓝种植面积较小。一般夏甘蓝于3月下旬至5月初分批播种育苗，五六月份定植，7～9月份收获，以缓解夏秋淡季蔬菜供应，增加市场的花色品种。夏甘蓝的种植应选用耐旱、抗热、耐涝的中熟品种，宜选土壤肥沃、排灌方便、地势高燥的田块。它可以与茄子、豇豆等高架蔬菜或玉米等间作。可采用一些设施加以保护（如防虫网、遮阳网、防雨棚等），确保夏甘蓝的高产优质。有机肥施用也应重视起来，这样可以防止养分流失而造成甘蓝营养不良，也可以提高甘蓝的耐涝能力。夏秋季多雨区域宜采用高畦或高垄，少雨区域宜用平畦，种植密度一般为45000～52500株/公顷。种植后应浇透水，以利缓苗。浇缓苗水时追肥，中耕一两次。勤浇少浇，浇水选在傍晚或早晨，热雨过后应浇井水，以降低土壤温度，改善通气性和增加土壤含氧量，也可以促进根系生长。结球前期、中期各追肥一次，来缓解多雨造成的土壤养分流失，来保证植株生长旺盛。夏季多杂草，应多次中耕和防治病虫害。应及时收获在叶球成熟后，这样可以防止腐烂和裂球。

2. 温室甘蓝栽培

冬季温室甘蓝可生产时间长，宜选用弱光、耐低温的中早熟的品种，从10月份初到次年1月份可以根据茬市场需求和茬次安排来种植甘蓝，北方以九十月份播种，这样可以在元旦和春节期间收获。早播利用露地育苗床，晚播的阳畦育苗。三四叶分苗，分苗前适当控制幼苗生长，分苗缓苗后防止幼苗受低温影响。10月份下旬至12月份下旬定植，这时植株应是具6～8片叶带土坨的大苗，1.2～1.3米畦可以种植3行，株距30～35厘米。种植以后覆盖地膜并及时浇水，追肥时随浇水一起进行，中耕一两次。莲座中期时应把水浇透，然后再中耕一次。结球初期也应注意浇水追肥，施尿素150～300吨/公顷；结球中后期时，应喷叶面肥0.5%磷酸二氢钾两次，结球期15天左右浇水一次。缓苗期的温度，白天温度20～25℃，夜里温度12～15℃，这样利于缓苗，以后白天应在18～22℃，夜里8～10℃。叶球基本包紧后分次收获，收获时保留适量外叶，这样可以保护叶球不受损伤或污染。早、中熟品种，是从10月初到次年1月份均可根据需求进行接茬安排栽种。

（三）结球甘蓝的营养价值

结球甘蓝营养比较丰富，具有通便宽肠、生肌止痛、补虚益气的功效。适用于习惯性便秘、十二指肠溃疡及胃病的早期疼痛、口腔溃疡等。每100克结球甘蓝中含水分94.4克、蛋白质 1.1 克、碳水化合物 3.4 克、粗纤维 0.5 克、脂肪 0.2 克、胡萝卜素 0.02 克、核黄素（维生素 B_2）0.04 毫克、烟酸 0.3 毫克、硫胺素（维生素 B_1）0.04 毫克、维生素 C 38～39 毫克、磷 24 毫克、钙 32 毫克、铁 0.3 毫克，还含有其他微量元素。

结球甘蓝具有生肌止痛、通便宽肠、提高免疫力等营养作用。究其原因是球茎甘蓝含有十分丰富的维生素，鲜品绞汁服用，尤其对胃病的治疗有很好的辅助效果。结球甘蓝所含的维生素 C 等其他营养成分，具有生肌止痛的作用，对胃与十二指肠溃疡的愈合有很好的促进作用。球茎甘蓝还含有植物纤维，纤维素具有通便宽肠作用，促进胃肠消化和肠蠕动，从而使大便容易排出。每 100 克球茎甘蓝含维生素 C 高达 76 毫克，含有的维生素 E 也比较丰富，二者对增强人体免疫功能都有很好的作用。结球甘蓝中含有的吲哚可以在消化道中诱导出其他种类代谢酶，而这些被诱导出来的代谢酶可以使致癌原灭活；含有的微量元素钼，可以抑制亚硝酸胺的合成，因此在防癌、抗癌方面有一定的作用。

（四）食疗保健食谱

1. 醋甘蓝

甘蓝球 300 克。首先将甘蓝球洗净、去皮切片；锅置旺火上，将油倒入锅中，待七分热时，可以倒入甘蓝片煸炒，加酱油、醋，勾芡后起锅装盘。此菜酸脆爽口，具有止痛生肌、生新祛瘀之功效，适用于十二指肠溃疡及胃脘疼痛者。

2. 醋淬甘蓝

球茎甘蓝 300 克。首先将球茎甘蓝洗净、切片或切丝，装碗中，以烧滚酱油、醋后淬之，再盖上碗盖，稍等一会，再将酱油、醋倒出，再淬两三次即可。此菜主要用于十二指肠球部溃疡、胃溃疡及口腔溃疡等。

3. 奶汁甘蓝

甘蓝球 500 克、牛奶 150 毫升。首先将甘蓝球洗净、切成薄片，锅中加入 1 升清水烧开，而后将甘蓝片烫至变色发软，再捞出沥水。将锅洗干净以后加入沸牛奶、味精和精盐，用湿淀粉勾芡后，再倒入甘蓝片，搅拌几下，就可装盘。此菜营养十分丰富，具有强体补虚、通便宽肠、健脾益气、提高人体免疫能力的作用，便秘和年老体弱者均可以食用。

4. 甘蓝汁

新鲜甘蓝球 400 克。首先将鲜甘蓝球洗净、去皮、捣烂绞汁，取汁液后略微加热，也可以稍微加一点麦芽糖，空腹时饮用效果较好，每天服两次，十天一个疗程。此汁具有止痛缓急的功效，对十二指肠溃疡及胃病早期疼痛的缓解有很好的作用。

注意事项：甘蓝如果用于治疗十二指肠球部溃疡，不宜炒得过熟，以生拌为佳或绞汁服用。《备急要方》："久食大益肾，填髓脑，利五脏，调六腑。"《本草正义》："清利热结之品，故治发黄。"《本草拾遗》："补骨髓，利五脏六腑，利关节，通经络中结气，明耳目，健人，少睡，益心力，壮筋骨。治黄毒者，煮作落，经宿，色黄，和盐食之，去心下结伏气。"《中国药用植物志》："有益肾、利五脏、止痛及促进伤口愈合的功能。主治消化道溃疡及疼痛。"

三、花椰菜

花椰菜是芸薹属十字花科甘蓝种中以花球为产品的一个变种，二年生草本植物。起源于地中海至北海沿岸，也称花菜或菜花。15 世纪由热拉亚人引入意大利，17 世纪传到法国和英国，19 世纪初年由英国传至印度，19 世纪中叶传入我国。1875 年再传到日本。现在我国各地均有栽培。

（一）分类

花椰菜按生育期可分为早熟、中熟和晚熟品种。

早熟品种，生长期短，苗期25～30天，定植至采收需40～60天。花球重0.3～1.0千克。冬性弱，幼苗茎粗达到0.8厘米左右即可接受低温，完成春化过程。

中熟品种，苗期30天左右，定植到采收需80～90天，冬性稍强，适应性较广。花球重一般在1千克以上。幼苗茎粗达1.0厘米就可以接受低温，完成春化过程。

晚熟品种，植株较为高大，较晚成熟，较强的冬性和耐寒性，幼苗茎粗达1.5厘米以上才能接受低温，完成春化过程。单个花球重多在1.5～2.0千克或以上。定植到采收需100～120天。

在南方按季节分为春、秋、冬花椰菜，冬花椰菜以晚熟品种居多、秋花椰菜以中熟品种居多、春花椰菜以早熟品种居多。

（二）管理要点

以花椰菜花球异常现象发生的原因及防治措施为例介绍花椰菜的种植方法及管理要点。

1. 花椰菜的不结球现象

花椰菜生长过程中不结花球，只长茎叶，导致减产以致绝收。究其原因：首先，晚熟品种播种过早，温度过高，幼苗没有经过低温刺激，无法通过春化阶段，导致了长期只生长茎和叶而不结花球；其次，选择春播的品种比较耐寒，又较强的冬性，因此要完成春化阶段要求的温度较低，如果将其品种用于秋播，就无法通过春化阶段，致使植株无法结花球；最后，营养生长阶段施氮肥过多，导致茎和叶徒长而无法形成花球。因此生产中应因时因地选择适宜品种，还要播种适时，从而满足植株要通过春化阶段所需的温度条件，合理施肥，以确保植株正常生长。

2. 散球现象

花球还没长太大时，花枝就开始提早伸长、散开，导致花球疏松，甚至有的花球顶部呈现紫绿色绒花状，过一段时间，可以看见花蕾，整个花球呈鸡爪状，质量严重下降，基本失去可食用价值。

造成散球的原因，首先是品种选用不适合，通过春化阶段太早，还没长到适宜营养面积就出现“散球”；其次苗期受干旱或低温影响，导致幼苗生长受阻，易形成“散球”；再次定植过早或过晚，叶片生长期遇低温而生长不足，或花球生长期遇高温而使花枝迅速伸长导致“散球”；最后肥水不足，导致植株生长受阻、叶片和花球瘦小，从而出现“散球”。

预防“散球”的主要措施主要有以下几点方面：首选是品种方面，选用的品种要适宜本区域；其次是管理方面，壮苗的培育、适期的定植、定植后及时松土，促进缓苗和茎叶生长，从而使花球形成之前有较大的营养面积。

3. 花球老化现象

花球老化现象即花球表面变黄、老化。究其原因有以下几点：首先是栽培过程中肥水缺少，导致了叶丛生长弱，花球小，即使不散球也形成小老球；其次是花球生长期受到了强光的直射；最后是花球成熟了，但是没有及时采收，易变黄老化。

防止花球老化的措施主要为以下几个点：首先是加强肥水管理，确保花椰菜对水分和养分的需求；其次是光照过强时用叶片遮盖花球；最后是要及时采收花球。

（三）花椰菜的营养价值

花椰菜以花球为产品，风味鲜美、粗纤维少、耐贮藏、营养丰富、适于长途运输，深受消费者欢迎。具有壮骨健脑、填精补肾、补胃和脾作用，适用于肢体痿软、久病体虚、脾胃虚弱、耳鸣健忘以及小儿发育迟缓等。花椰菜含有丰富的蛋白质、膳食纤维、脂肪、维生素、碳水化合物及矿物质等，其中胡萝卜素含量是大白菜的 8 倍，维生素 B_2 的含量是大白菜的 2 倍。钙的含量也比较高，可以与牛奶中的钙含量媲美。它是含有类黄酮最多的食物之一，也含有一种异硫氰酸盐的抗氧化剂。每 100 克花椰菜含蛋白质 2.4 克、碳水化合物 3 克、脂肪 0.4 克、钙 18 毫克、磷 53 毫克、铁 0.7 毫克、维生素 C 88 毫克、胡萝卜素 0.08 毫克、维生素 A、维生素 B、硒、芳香异硫氰酸。

花椰菜具有增强人体免疫力等功效，究其原因是含维生素 C 较多，是大白菜的 4 倍、西红柿的 8 倍、芹菜的 15 倍。研究表明，患胃癌病人，人体血清硒含量显著下降，维生素 C 在胃液中的含量明显低于正常人。花菜可以给人补充一定量维生素 C 和硒，还可以提供丰富的胡萝卜素，可以起到阻止癌前病变细胞形成，抑制癌肿生长的作用。据营养学家研究，花椰菜内还有其他多种吲哚衍生物，这些衍生物可以降低人体内雌激素水平的作用。同时花椰菜中含有的维生素 C 很高，不但利于人的生长发育，还能促进肝脏解毒，增加抗病能力。

（四）食疗保健食谱

1. 红烧花椰菜

花椰菜 250 克，罐头蘑菇和胡萝卜各 50 克，白糖、葱各适量。首先将花椰菜洗净、掰成小块；胡萝卜洗净、去皮和切块；再把油锅烧热，放入葱花煸香，投入花椰菜、胡萝卜煸炒，加入蘑菇，烧至花椰菜入味，出锅即可。此菜具有增加食欲和健脾化滞的作用，适用于脾虚纳差者服食。

2. 金钩花菜

花椰菜 250 克、海米 30 克、木耳 20 克、姜、葱各适量。首先将花椰菜切成小块，放入开水中焯一下；用温开水把木耳、海米泡胀；再将锅烧热，放入食用油适量，加花椰菜略炒，再加入葱、姜及鸡汤，小火焖几分钟后，加入精盐、味精、海米、木耳，炒匀就可以装盘。此菜具有消肿解毒和健脾益气的作用，脾胃虚弱、饮食减少的人群比较适用。

3. 美丽花菜

花椰菜 200 克、番茄 100 克、植物油 10 毫升，葱、姜、白糖各适量。首先将花椰菜洗净、去根、切下小花，开水焯一下再捞出控水，备用；在锅内放油，待油热以后放入姜末、葱末和番茄，炒出红色时，再稍微放入一些鸡汤，加入白糖、盐待汤沸后，放入花椰菜，再炒几分钟后加味精适量，淀粉挂芡即成。此菜具有健脑补肾和生津益气的功效，小儿发育迟缓者、年老体弱者适用。

4. 芙蓉花菜

花椰菜 250 克，鸡蛋 2 个。首先将花椰菜洗净待用；鸡蛋取蛋清，加水、盐、料酒等拌匀，再上笼蒸熟。锅内烧鲜汤，加盐、料酒等调料，放入花椰菜（掰成栗子大小），熟了以后再加入味精；将蒸熟的鸡蛋浇在舀成片状的菜花上即成。此菜营养丰富、味美色佳，具有抗癌防癌、益精补肾之功效。

注意事项：花椰菜的烹调有一定的技巧，烧煮和加盐时间要注意把握，时间不宜过长，否则防癌抗癌的营养成分将会被破坏和丧失。

第三节　绿叶类蔬菜

一、芹　　菜

芹菜是二年生草本植物，为伞形科芹属。原产地为中海沿岸，后发现阿尔及利亚、瑞典、埃及以及西亚的高加索等沼泽地带都有野生芹菜生长。两千年以前是古希腊人最早种植，后经高加索传入我国，现在世界各地均有种植。我国种植芹菜的历史比较悠久、南北方各地均有种植。芹菜具有适应性强的特征，再结合设施保护，在我国已经做到四季生产、周年供应。

（一）分类

根据种植季节分类，露地栽培分为春、夏和秋芹菜三个茬口；设施栽培可利用日光温室、塑料大棚和小拱棚进行越冬、秋延后和春提早茬的栽培。尤其是温室、大棚秋冬茬的芹菜主要供应元旦、春节这一时期的市场，经济效益最佳。芹菜分中国芹菜（别名本芹）和西芹（又名洋芹）两种类型。

1. 中国芹菜

中国芹菜叶柄细长，高1米左右，根据叶柄颜色可分为白芹和青芹。白芹叶色淡绿，叶片细小，叶柄为黄白色，植株柔弱而矮小，品质较好、香味较淡，宜软化。青芹为绿色、叶片较大、叶柄较粗、植株强键而高大、香味较浓、产量较高、但不易软化。按叶柄是否充实可分为实心和空心两种：空心芹菜的叶柄髓腔很多、腹沟宽而浅，品质较差，春季易抽薹，但具有较强的抗热性，栽培在夏季比较适宜。实心芹菜则与其相反。

2. 西芹

西芹（欧洲类型）叶柄肥厚而宽大，实心居多。株高60～80厘米，叶柄宽2.4～3.3厘米，单株重1～2千克。脆嫩、味淡，耐热性不如中国芹菜。我国南北方区域均可以种植，而且可以周年生产，北方日光温室秋冬茬尤其适宜。

（二）种植方法及管理要点

以秋芹菜为例介绍具体的种植方法及管理要点。

1. 整地施肥

芹菜种植对土壤要求较高，壤土或黏壤土为最佳。沙壤土和沙土保水能力弱、容易缺水，而缺少肥料会使叶柄发生空心现象。结合整地施肥作畦，普施腐熟有机肥。同时，每1公顷施标准氮肥300千克、磷肥375千克、钾肥225千克。这样既防止生长后期缺肥，又可以促进芹菜快速生长。芹菜平畦栽培居多。1米左右的畦宽，不限畦长。

2. 育苗与播种

芹菜可直播或育苗。为不误农时、节约用地，多数区域还是以育苗为主。为确保出苗率，做到苗齐、苗全、苗壮，应注意以下两个方面。

（1）种子方面　注意种子处理、精细播种以及出苗前后的管理。秋芹菜播种时期温度比较高、出苗会比较慢而且参差不齐，因此播种前种子应进行低温浸种催芽处理。

（2）苗床选择方面 阴凉处或套种在豆架、瓜架之下比较适宜，这样既可以利用瓜、豆遮阳，也可以将芹菜种子与四季萝卜或小白菜混播，后者生长较快，用以遮阳。出苗之前要确保土壤经常湿润，播种后第二天就可以浇第一次水，以后视情况而浇水。覆盖物要在种子出苗后逐步撤去。

3. 种植

秋芹菜前茬多接菜豆、黄瓜、番茄等。应根据区域的气候特点，适时定植。如果过早定植，温度较高，幼苗缓苗较慢。种植之前，苗床应浇透水，连根带土挖出。合理密植可以确保芹菜高产优质，原则上应充分发挥作物群体质量的优势，但又不能使单株生长发育受到抑制。作物群体的密度应依品种特性和种植方式而定。

4. 田间管理

芹菜根系比较浅，浇水时应匀浇、勤浇。不同生育期需肥也是不同的，苗期和后期需肥较多，后期钾肥需求较大，初期需磷肥最多。每公顷西芹从土壤中吸收氮肥 330 千克、磷肥 85 千克、钾肥 70 千克。

5. 采收

根据市场需求、采收上市。采收后合理贮藏，冷藏时确保不受冻，也可以适当延迟收获。如采收较早，这时温度还比较高，贮藏时易出现腐烂、脱水、变黄发热等现象。一般应确保在气温 -4℃前采收完毕。

（三）芹菜的营养价值

芹菜具芳香气味，可生食、炒食或做馅，芹菜营养比较丰富，含维生素、芹菜油和较丰富的矿物盐类等挥发性芳香物质，具有降低血压、促进食欲、健脑和利便清肠之功效。具有平肝、利水消肿、清热除烦、止血凉血的作用。适用于高血压、头痛、头晕、烦渴暴热、水肿、黄疸、妇女月经不调、赤白带下、小便热涩不利、痄腮、瘰疬等。可以炒食、生食或腌渍。每 100 克芹菜含水分 94 克、蛋白质 2.2 克、碳水化合物 1.9 克、粗纤维 0.6 克、脂肪 0.3 克、灰分 1 克、胡萝卜素 0.11 毫克、维生素 B_1 0.03 毫克、维生素 B_2 0.04 毫克、维生素 C 6 毫克、烟酸 0.3 毫克、钙 160 毫克、钾 163 毫克、磷 61 毫克、铁 8.5 毫克、钠 328 毫克、镁 31.2 毫克、氯 280 毫克，还含有芹菜苷、挥发油、有机酸、佛手柑内酯等物质。

芹菜具有使血管扩张的作用；用主动脉弓灌流法，它可以对抗山梗茶碱和烟碱引起的升压反应，从而起到降压的作用。研究显示，对于妊娠性、原发性及更年期高血压都有效果。芹菜籽中含有一种碱性成分，对动物和人体有镇静作用。芹菜苷或芹菜素有利于消除烦躁和安定情绪。芹菜当中也含有利尿有效成分，它可以消除人体内水钠滞留，利尿消肿。芹菜是一种高纤维食物，它还可以加快粪便在肠内的运转周期，减少致癌物与结肠黏膜的接触达到预防结肠癌的目的。纤维素经肠内消化后产生一种肠内酯或木质素的物质，这类物质是一种抗氧化剂，可抑制肠内细菌产生的致癌物质；芹菜含铁量较高，对补充妇女经血的损失有很好的作用，食之能避免面色无华、干燥和皮肤苍白，而且可使头发黑亮、目光有神。

（四）食疗保健食谱

1. 芹菜拌干丝

芹菜 250 克、豆干 300 克，生姜、葱白各适量。首先将芹菜洗净、切去根头、切段；把豆干切成细丝，葱切段，拍松生姜；把炒锅放在旺火上，倒入适量花生油，烧至七分热，下姜葱煸炒过后加少许精盐，倒入豆干丝再炒 5 分钟，而后再加入芹菜一起翻炒，味精调水泼入，炒熟即成。此菜营养丰富、鲜香可口，具有通便、平肝降压的功效，适用于大便燥结、高血压等。

2. 芹菜粥

芹菜40克、粳米50克、葱白5克。首先将芹菜洗净、去根，向锅中倒入适量花生油并烧热，然后爆葱，添水、米、盐，煮成粥，再加入芹菜稍煮，调味精即可。此菜营养丰富，具有清热利水的作用，可作为水肿、高血压者的辅助食疗品。

3. 糖醋芹菜

芹菜500克，醋、糖各适量。首先将嫩芹菜去叶、留茎、洗净，再入沸水汆过，待茎软时，捞起沥干水，切成寸段状，而后加盐、醋、糖拌匀，再淋上香麻油，装盘即可。此菜去腻开胃、酸甜可口，具有降脂、降压的作用，对于高血压病者尤为适宜。

4. 芹菜小汤

芹菜150克、牛奶150毫升、奶油50毫升，面粉适量。首先将芹菜洗净、去叶、切段，用150毫升水煮开，并将奶油、食盐及两匙面粉调入牛奶内，一并倒入芹菜汤中，一滚即成。此汤鲜香开胃、清淡适口，具有通淋止血、养阴益胃的作用，对于糖尿病、小便出血、小便淋痛者尤为适宜。

注意事项：芹菜性凉质滑，故脾胃虚寒、肠滑不固者食之宜慎。

《食鉴本草》："和醋食损齿，赤色者害人。"《本草纲目》："旱芹，其性滑利。"《卫生通讯》："清胃涤热、通利血脉、利口齿润喉、明目通鼻、醒脑健胃、润肺止咳。"《本草推陈》："治肝阳头痛、面红目赤、头重脚轻、步行飘摇等症。"

二、菠　　菜

菠菜是抗寒性最强的蔬菜种类之一，在我国北方区域种植面积较大，由于菠菜适应性强，在我国南、北方均有种植，是一年中春、秋、冬季的重要蔬菜之一。该作物无严格的采收标准，可以采用不同品种合理搭配，基本上可以做到周年供应。

（一）分类

根据种植季节可将菠菜分为春、秋、越冬和夏菠菜。

1. 春菠菜

春菠菜播种在早春，收获在春末。当该区域的日平均气温为4～5℃时比较适合播种。北方区域土壤表层4～6厘米解冻以后，就可以开始播种了，五六月份收获；华北及华中区域播种在二三月份，收获在四五月份。长江流域播种在2～4月份，播种适期为三月中旬，采收于播种后30～50天。

2. 秋菠菜

秋菠菜早秋或夏季播种，收获在秋季。东北地区、内蒙古、新疆等播种的时间为7月下旬至8月上旬，收获时间为9月下旬至10月中旬；华北区域播种时间为8月份，收获时间为9月中旬至10月下旬。长江流域播种时间在8月下旬至9月上旬，播种以后30～40天可以分批采收。

3. 越冬菠菜

越冬菠菜播种在秋季，以幼苗时期越冬，收获时间为次年春天，对于缓解春淡季有重要意义。播种的最佳时期为当地日平均气温达17～19℃。在长江流域宜选用不易抽薹和晚熟品种，播种时间为10月下旬至11月上旬，收获于次年春季；而在华北区域播种时间为9月中下旬，收获在3月下旬至4月下旬。埋头菠菜是在露地越冬，第二年春季开始发芽生长，在越冬菠菜之后供应市场。播期应选择播种后不久土壤即封冻。播种不宜过早，如果过早种子在冬前发芽出土，幼苗太小难以越冬；播种也不宜太晚，如果太晚温度较低土壤被封冻，播种就会质量比较差，第二年春就会出现出苗不齐或缺苗现象。

4. 夏菠菜

夏菠菜播种时间为春末，收获时间为夏季。一般播种时间为五六月份，收获时间为七八月份。此期已处于高温长日照，叶原基分化虽快，但花芽分化及抽薹也快，是全年叶片生长期最短的一茬。

（二）种植方法及管理要点

以越冬菠菜栽培技术为例介绍菠菜的种植方法及管理要点。

1. 品种选择

越冬菠菜宜选择冬性较强、抽薹迟、抗寒力强、秋播采种（也就是成株采种）的种子，品种宜选尖叶品种，如东北尖叶、双城冻菠菜等。

2. 选地与播种

选地宜选背风向阳、排水条件好、土质疏松肥沃、中性或微酸性、无公害蔬菜生产条件的基地。

（1）播种时期的确定　西北、华北平原一般播种在9月中下旬，东北区域播种可以在9月初。确保菠菜在越冬前应有40~60天的生长期，冰冻来临前菠菜能长出4~6片叶为最佳。

（2）播种　菠菜一般直播，如果播种晚，可以浸种，通过播芽来赶上正常播期。播种之前或浸种之前可以通过先搓破种皮，便于吸水。

3. 苗后管理

出苗之前可以浅锄松土或浇一次“蒙头水”。幼苗在三四片叶之前要确保土壤湿润，可以浇一两次水，如果苗弱可以追一次提苗肥。三四片叶以后，再浅锄一次，顺便把弱苗去除掉，这时浇水要控制，这样可以使根系向下伸展，有利于抗寒越冬。

第二年春季的管理：在早春土壤化冻之前，如果遇到降雪，应及时清除，可以防止融化的雪水下渗引起降温和氧气不足而沤根。土壤逐渐化透时，覆盖物应及时清除，表土要耙松，这样有利于增温、保墒、通气。

4. 采收

苗高达到10厘米以上就可以开始采收，也可以根据市场需求分批采收，更可以分次间拔采收。采收宜选在晴天进行。

（三）菠菜的营养价值

菠菜在7世纪传入我国，《本草纲目》中称之为“波斯草”，菠菜富含维生素和钙、铁等矿物质，含蛋白质也较高，是营养丰富的蔬菜。但因其含有草酸，食用过多，会影响人体对钙的吸收。菠菜可以凉拌、炒食或做汤，是主要绿叶菜之一，具有利五脏、补血止血、止渴、润肠通血脉、助消化、滋阴平肝的功效。适用于目眩、头痛、高血压、风火赤眼、便秘、糖尿病等病症。每100克菠菜含水分91.8克、蛋白质2.86克、脂肪0.99克、碳水化合物3.63克、粗纤维2.2克、灰分1.5克、胡萝卜素3.87毫克、维生素B_1 0.04毫克、维生素B_2 0.13毫克、烟酸0.6毫克、维生素C 39毫克、钙72毫克、磷53毫克、铁1.8毫克、钾502毫克、钠98.6毫克、镁34.3毫克、氯200毫克。

菠菜具有防治痔疮、增强抗病能力、促进生长发育、促进人体新陈代谢、延缓衰老、洁皮肤，增进健康、保障营养等作用。菠菜中含有大量的植物粗纤维，而粗纤维具有促进肠道蠕动、利于排便、促进胰腺分泌、助消化的功效。对于慢性胰腺炎、肛裂便秘、痔疮等均有一定作用。菠菜中含有丰富的胡萝卜素，而胡萝卜素在人体内通过一系列的反应转变成维生素 A，维生素 A 具有维护正常视力和上皮细胞健康的功效，促进儿童生长发育、增强预防传染病的能力。菠菜中的胡萝卜素、维生素 C、维生素 E、钙、磷、铁、芸香苷、辅酶 Q_{10} 等有益成分，能供给人体多种营养物质。

（四）食疗保健食谱

1. 金苓菠菜汤

茯苓、石斛各 20 克、沙参 12 克、菠菜 400 克、素汤（豆芽加水熬炼而成）800 毫升，姜块、葱白各适量。沙参、茯苓、石斛以水煎取汁 200 毫升；菠菜洗净、切段（约 4 厘米长），生姜切片拍松、葱白切段。首先将菠菜快速焯一下，立刻捞起；炒锅放旺火上，加入花生油烧热，然后下生姜煸赤，挑去生姜；倒入精盐，再倒入素汤和药液，烧沸以后倒入菠菜，汤沸以后加入味精调味就可以了。该菜具有健脾助食、养阴益胃的作用。对于食欲不振、胃肠燥热、阴亏液少者尤为适宜。

2. 菠菜粥

菠菜、大枣各 50 克、粳米 100 克。首先将大枣、粳米、洗净、加水熬成粥。煮熟以后，加菠菜再次煮沸即可。此粥具有补虚养血、健脾益气的作用，营养十分丰富，对减转缺铁性贫血效果比较好。

3. 菠菜拌藕片

菠菜、鲜藕各 200 克。首先将翠嫩的菠菜拣洗净、入沸水中稍焯；其次把鲜藕去皮、切片，入开水余断生；加入味精、盐、麻油拌匀即可。此菜具有清肝明目的作用，比较适宜于头昏肢颤、肝血不足所致的视物不清等病症。

4. 菠菜羊肝汤

鲜菠菜、羊肝各 50 克。首先将菠菜洗净、切段，羊肝切片；向锅内加水约 750 毫升，待水烧沸后入羊肝，再稍微滚一下菠菜，并加入适量味精、麻油、盐，滚后即可。吃菠菜、羊肝并喝汤。此汤具有养肝明目的作用，适用于两目干涩、视力模糊等。

5. 菠菜猪血汤

鲜菠菜、熟猪血各 500 克，葱段、姜片各适量。首先将鲜菠菜洗净、切段，猪血切条；将锅置火上，加入适量猪油，将姜、葱煸香，再倒入适量猪血煸炒，加入适量料酒，煸炒至水干，加入肉汤、胡椒粉、菠菜、盐，煮沸后，盛入汤盆即可。此汤具有润燥敛阴、止血养血的作用，对于贫血及出血、肠燥血虚等尤为适用。

注意事项：肾炎和肾结石患者不宜食菠菜，其原因是菠菜中的草酸与钙盐能结合成草酸钙结晶，而这种物质可以使肾炎病人的管型及盐类结晶增多、尿色浑浊。

《食疗本草》："利五脏、通胃肠热、解酒毒。服丹石人食之佳"《本草纲目》："逐血脉、开胸膈、下气调中、止渴润燥。"《随息居饮食谱》："菠菜、开胸膈、通肠胃、润燥活血，大便涩滞及患痔疮人宜食之。"《陆川本草》："人血分、生血、活血、止血、祛瘀。"

三、莴　苣

莴苣为一二年生草本植物，菊科莴苣属，能形成叶球或嫩茎。欧洲十六七世纪就有关于紫莴苣和皱叶莴苣的记载。在中国莴苣后来又演化出茎用类型（莴笋）。其他国家种植多以叶用莴苣为主，而我国却是以茎用莴苣面积最大、栽培较早。

（一）分类

莴苣按产品器官分为长叶、皱叶、结球莴苣三类。

1. 长叶莴苣

长叶莴苣又称直筒或散叶莴苣。叶全缘或锯齿状，直立的外叶，一般不结球或结成圆筒形、圆锥形的叶球。欧美栽培较多。主要代表品种有登峰生菜、牛利生菜。牛利生菜是广州郊区地方品种，叶较直立，叶片倒卵形、青绿色、叶缘波状、叶面稍皱、心叶不抱合。登峰生菜是广东地方品种，叶片近圆形、淡绿色、叶缘波状。

2. 皱叶莴苣

皱叶莴苣叶片是深裂的，叶面是皱缩，有松散叶球或不结球现象。品种代表为鸡冠生菜、软尾生菜。软尾生菜又名东山生菜，有光泽，波状叶缘，皱缩叶面，心叶抱合，不耐热，耐寒。鸡冠生菜是吉林地方品种，叶曲折成鸡冠形，抗病、不结球、耐热、耐寒。

3. 结球莴苣

结球莴苣是叶全缘，有锯齿或深裂，平滑或皱缩的叶面，外叶是开展的，心叶形成叶球。叶球为扁圆、圆或圆锥形等。主要品种有：

（1）青白口（团叶生菜）　深绿色叶片，近圆形，皱缩叶面，叶缘波状。耐热力弱、耐寒性强，耐冬贮。

（2）广州结球生菜（青生菜）　广州地方品种，叶半直立，皱缩叶面近圆形叶片，青绿叶，心叶抱成球，晚熟，适应性强。

（3）大湖 659　新叶有较多皱褶，质脆，结球紧实，产量高，品质好、耐寒性强、不耐热。

（4）皇帝　微皱叶面，叶缘波状，近圆形，中等大，质脆嫩，品质优良。

（5）恺撒　日本品种，极早熟，抗病性强，在高温下结球良好。

（二）种植方法及管理要点

以春莴笋栽培技术为例介绍莴笋的种植方法及管理要点。

1. 品种选择

宜选择叶簇大、肉质爽脆茎粗壮、节间密、耐寒性较强、成熟期早的品种。

2. 培育壮苗

长江流域区域莴笋是露地越冬，于第一年秋季九十月份播种，第二年春返青生长叶丛，四五月份收获。北方区域栽培春莴笋，一般于早春在温室内育苗，断霜前一个月开始定植，经 50～60 天就可以收获。苗床宜选择疏松肥沃、保肥保水力强的壤土，首先施腐熟人粪尿作为基肥。播前整平床面，灌足底水。

3. 整地定植

选择排灌方便、有机质含量丰富、地势高的地块种植。每亩施入三四吨腐熟有机肥作基肥，为便于管理、大小苗宜分开栽植。栽植密度依品种与季节而异。早熟种每亩栽 8500～12000 株；晚熟种每亩种植 7000～8000 株。

4. 田间管理

露地越冬的春莴笋前期生长缓慢，需肥量比较少，栽后每亩施 1000～1500 千克稀粪水，结合中耕松土，以促进根系生长。冬前注意肥水的控制，防止徒长，使耐寒力得到增强，以便安全过冬。开春以后，茎叶会迅速生长，进入莲座期后，中耕松土要及时，注意提高土温，并结合浇水，每亩施30%人粪尿1吨。发棵期要适当控制水分，以使根系往下扎。植株封行以后，茎部会迅速膨大，需肥量也较多，可重施2～3次追肥，每亩施2吨腐熟的有机肥或15千克尿素，以确保肉质茎的膨大。在产品形成后期适当控制水分，水分如果过多，容易裂茎、发生软腐病。

5. 适时采收

春莴笋肉质茎生长的同时形成花蕾，当最高叶片尖端与茎顶端相平时就可以采收了。

（三）莴苣的营养价值

莴苣的营养十分丰富，富含蛋白质、碳水化合物、维生素、多种矿物质。具有消积下气、开通疏利、通便宽肠、利尿通乳、增进食欲的作用。适用于食欲不振、大便秘结、脘腹痞胀，消化不良、消渴、食积停滞等。每100克莴苣含水分96.4克、蛋白质0.6克、脂肪0.1克、碳水化合物1.9克、粗纤维0.4克、钙7毫克、磷31毫克、铁2毫克、胡萝卜素0.02毫克、硫胺素0.03毫克、核黄素0.02毫克、烟酸0.5毫克、抗坏血酸10毫克。

（四）食疗保健食谱

1. 糖醋莴苣

莴苣400克、姜丝10克。首先将莴苣洗净、去叶和皮，切成细丝大约3厘米长，用滚水略焯，然后再捞起沥干水，加麻油、姜丝、醋、糖拌匀，就可装盘食用。此菜具有健脾开胃、利尿清心的作用。贫血、身体虚弱以及经常外感者尤为适宜。适于神经系统功能紊乱、心烦失眠者。

2. 莴苣炒春笋

莴苣400克、春笋去皮壳300克。首先将莴苣洗净、切薄片，春笋切片。将油入铁锅中烧热后，把上面的二菜爆炒，加适量精盐，然后起锅装盘。此菜具有宽胸导滞、通利二便的作用，适用于习惯性便秘、消化不良等。

3. 炒三丝

莴苣400克、胡萝卜200克、蒜苗100克。首先将莴苣去皮去叶、洗净，切成细丝（约3厘米长）。胡萝卜洗净、切细丝。蒜苗洗净后切成约3厘米长细丝。锅烧热后倒入清油，待油七分热时，下以上切好的菜丝爆炒，即将成熟时加调味品适量，然后搅拌均匀就可以装盘食用。此菜营养十分丰富，具有强身健体的作用，消化不良、体弱多病者更适宜食用。

注意事项：古书记载莴苣多食使人目糊，停食数天自行恢复，故视力弱者不宜多食；莴苣性寒，产后妇人慎食。

《食疗本草》："白苣，主补筋力、利五藏、开胸膈、拥塞气、通经脉、养筋骨，令人齿白净、聪明、少睡。可常常食之。有小冷气人食之，虽亦觉腹冷，终不损人。又产后不可食之，令人寒中，少腹痛。"《滇南本草》：莴苣"常食目痛，素有目疾者切忌。"《日用本草》："利五脏，补筋骨，开隔热，通经脉，去口气白齿牙，明眼目。"《调鼎集》："莴苣，然必以淡为贵，咸则味恶矣。"《随息局饮食谱》："利便、析酒、消食。"

第四节　葱蒜类蔬菜

一、韭　　菜

我国栽培韭菜的历史悠久，人们在长期的生产实践中创造了多种多样的栽培方式，如露地、风障、阳畦、塑料薄膜覆盖、温室和软化栽培等，如果再加上南韭北种的品种搭配，周年生产和周年供应已基本实现。我国北方区域春、夏、秋三季均可露地生产青韭，晚秋、早春和冬季可利用塑料拱棚或温室生产青韭或韭黄，南方一年四季均可露地生产韭菜。

（一）分类

在我国韭菜的种植品种很多，分类方式也有多种。

1. 按食品器官分类

根据韭菜食用的器官可分为花韭、叶韭、根韭和叶花兼用韭四个类型，栽培比较普遍的是叶花兼用韭。

2. 按叶片宽度分类

如果按照叶片宽窄可分为窄叶韭和宽叶韭。

（1）窄叶韭　叶片狭长、叶色深绿，纤维稍多。细高的叶鞘、直立性强、不易倒伏、品质优、香味浓、较强耐寒性、产量较宽叶韭略低。优良品种主要有保定红根韭、天津大青苗、太原黑韭、北京铁丝苗、诸城大金钩等。

（2）宽叶韭　叶片宽厚，叶鞘粗壮，色泽较浅，品质柔嫩，生长旺盛，产量高，稍淡的香味，易倒伏。优良品种主要有北京大白根、汉中冬韭、河南791、天津大黄苗、嘉兴白根、寿光独根红、犀浦韭菜等。

3. 按休眠方式分类

按照休眠方式分为浅休眠和深休眠两个类型。长江以南的韭菜冬夏常青，但在我国北方区域的冬季韭菜的地上部干枯，而地下部分在土壤的保护下以休眠的状态越冬。由于品种原产地不同，在长期经历的气候条件使韭菜形成了不同的休眠方式。

（1）深休眠韭菜　是指韭菜经长日照并感受到一定低温以后，地上部分的养分逐渐回流到根茎中贮藏起来而进入休眠。当气温降至5～7℃时，植株开始进入休眠，茎叶的生长开始停滞。当气温降到零下5℃以下时，茎叶就开始呈现干枯状态。这时基本进入了休眠期，需要经历20天左右。以后再给予1℃以上的温度便可打破休眠，恢复韭菜旺盛的生长。如地上茎叶没有干枯就给予适宜温度强迫其继续生长，虽然也萌发，但长势就会很弱，有的甚至会发生腐烂。

（2）浅休眠韭菜　是韭菜植株长到一定的大小，在经历长日照并感受到一定低温之后，当气温降至10℃左右，韭菜出现生长停滞，开始进入休眠。植株休眠后有两种表现，一是部分叶片的叶尖干枯；另一种是继续保持植株的绿色，干尖现象不会出现。这种休眠一般需10天左右。浅休眠韭菜休眠之后，如果不能获得适宜的水分和温度条件，就无法恢复旺盛生长。如果气温降到－5℃以下时，就会迫使地上部分全部干枯而呈现一种深休眠的状态。

（二）种植方法及管理要点

以日光温室韭菜反季节栽培技术介绍韭菜的种植方法及管理要点。

1. 品种选择

选用深休眠的品种，待其地上茎叶干枯后，清理前茬而后扣膜生产，四五次收割以后再撤膜转入露地养根，为下一年度生产打下基础。利用浅休眠韭菜品种，在当地严霜到来前要确保收割一刀，而后转入温室生产，每隔一个月收获一刀，连续收获收四五刀，这样北方地区秋末冬初市场对鲜韭的需求就可以基本满足了。

2. 露地养根

春秋两季韭菜都可播种，以春播为主的就要确保当年扣膜，播期一般从土地化冻开始持续到六月份。韭菜播前需施足基肥，先撒施再翻地。防止韭菜跳根露出地面的有效措施可以采用沟播，首先按行距为35～40厘米开沟，15～20厘米沟深，浇一次透水顺沟。韭菜多采用干籽直播的方式，播种以后出苗前要确保土壤保持湿润。韭菜出苗后要掌握先促后控的管理方法，每隔七八天浇一次水，确保土壤保持湿润，防止因干旱而“吊死苗”的现象。幼苗出土以后易受杂草危害，因此除草需及时。

3. 越夏期管理

雨季时排除积水要及时，如果遇到热闷雨后要用井水及时快浇一次，以降低地壤温度，防止发生病害。在夏季温室养根的韭菜易发生大面积倒伏。如倒伏在夏初发生，可将上部叶片割掉1/3～1/2，以减轻地上部分质量，增加株间光照，促使韭菜直立生长。在秋季管理上，韭菜在秋季温光条件时比较适宜生长，追肥浇水要适时，以促茎叶生长，以确保制造的养分回流到地下部分。十月份以后深休眠韭菜就要停止施肥，控水也要适当，以防止植株贪青而不休眠。而浅休眠韭菜，秋季养根时，要酌情保证水分得供应，从而确保茎叶鲜嫩。为确保当年播种的韭菜到秋季不会抽薹，减少营养消耗，应在花薹刚抽出时掐掉花蕾。

4. 扣膜前的准备

浅休眠韭菜进行秋冬连续生产时，扣膜前5～7天就要收割一刀。浅休眠的韭菜的茎叶不干枯，通常可扣膜的时期为在当地日平均温度在10℃左右时。但深休眠韭菜品种，在土壤封冻前15～20天浇一次冻水，浇水以后注意划锄保墒，同时清除干净地上部干枯的茎叶。

5. 扣膜后的温度管理

浅休眠韭菜扣膜初期，外界温度比较高，通风应加强，夜间也不闭风。如扣膜较晚对于深休眠韭菜，扣膜的初期，气温可以尽量高一些，以提高地温，使韭菜迅速萌发。

6. 多次培土

每刀韭菜长到10厘米左右时，韭菜根部就要培土，取土可以从行间，每次培土3～4厘米，随着韭菜生长共培土两三次，最后培成10厘米的小高垄。

7. 水肥管理

扣膜后不需再浇水，因为在扣膜前韭菜大都浇过冻水，在头刀韭菜收割前5～7天浇增产水一次。

8. 收获

对于深休眠的韭菜来说，当年扣膜当年播种生产在扣膜前不允许收割；对于二年生的韭根准备冬季生产的，要控制收割次数，以确保其茎叶制造更多的养分贮藏在根部，保证扣膜后生长的需要。温室秋冬连续生产的浅休眠韭菜要确保在扣膜之前收割一刀，这刀韭菜是成株。生长期在扣膜以后就可以收到第二、第三刀韭菜，这一时期均处在对韭菜生长有利的温光条件。而第四刀韭菜的生长期则处在日照短、温度偏低、光照弱条件下，养分很大程度上是靠鳞茎的积累。

（三）韭菜的营养价值

韭菜原产于我国，主要以青葱碧绿的嫩叶为产品，也可食用柔嫩的花器或花茎，别名草钟乳、起阳草、懒人菜。产品可做馅或炒食，营养丰富、气味芳香。韭根、韭花、韭薹经腌渍等加工后可供食用，其气味芳香、营养丰富、深受人们喜爱。具有充肺气、益胃补肾、安五脏、行气血、散淤行滞、固涩止汗、平嗝逆的作用。适用于早泄、阳痿、多尿、遗精、胃中虚热、腹中冷痛、泄泻、白浊、白带、经闭、产后出血和腰膝痛等。每 100 克韭菜中含水分 91 ~ 93 克、蛋白质 2. 1 ~ 2. 4 克、维生素 C 39 毫克、碳水化合物 4. 6 毫克、脂肪 0. 4 毫克、磷 46 毫克、钙 42 毫克、铁 1. 6 毫克、胡萝卜素 3. 21 毫克、核黄素 0. 09 毫克、抗坏血酸 39 毫克、硫胺素 0. 03 毫克。还含有杀菌物质甲基蒜素类以及挥发性物质硫代丙烯，其粗纤维及维生素含量也很高。

（四）食疗保健食谱

1. 韭菜炒蛋丝

韭菜 500 克、鸡蛋 4 个。首先将韭菜拣净、洗后细切、开水焯过，再将鸡蛋打入碗中、用筷子搅匀。锅置中火上，油热后下鸡蛋，摊一层薄薄蛋皮，取出细切，然后鸡蛋丝与韭菜拌匀，加芥末、酱、盐即可。此菜具有润肠滋阴、通便益气的功效，老年肠燥便秘或体虚恶寒者可以经常食用。

2. 韭菜炒桃仁

韭菜 400 克、核桃仁 350 克。首先将核桃仁除去杂质，而后放入芝麻油锅内炸黄；韭菜洗净、切成长 3 厘米段；将韭菜倒入核桃锅内翻炒，加适量的盐，煸炒至熟透即成。此菜适宜于肺虚久咳、肾亏腰痛、习惯性便秘、动则气喘之人食用。

3. 韭菜炒虾仁

韭菜 400 克、鲜虾仁 200 克。首先将锅烧热，加入食油，烧至七分热时，下韭菜段及鲜虾仁煸炒片刻，加适量食盐及白酒等调味品就可以。此菜具有强壮机体、固涩温阳的作用。适用于阳痿遗精、腰膝无力、遗尿、盗汗等。

4. 奶汁韭菜

韭菜 600 克、牛奶 250 毫升。首先将韭菜叶洗净、切碎、绞汁，牛奶和韭菜汁搅匀后放火上煮沸，水煎内服，每日服两次。此汁具有补中益气、止呕降逆的作用，适应于反胃、噎膈、食道癌等。

5. 韭菜汁

韭菜根 60 克。首先将韭菜根洗净，再用水煎服，对阳虚自汗效果比较好。此汁去渣以后加白糖服用，连服 1 周，对缓解血带效果很好。

注意事项：若用鲜韭汁进行食疗，因其辛辣刺激难以入口下咽，需用牛奶 1 杯冲入韭汁 20 ~ 30 毫升，可以用白糖调味。胃热炽盛者不宜多食。

《本草纲目》："韭菜生用辛而散血，熟则甘而补中"。《神农本草经疏》："韭禀春初之气而生，兼得金水木之性，故其味辛，微酸，气温而无毒。生则辛而行血，熟则甘而补中，益肝，散滞，导瘀，是其性也。"《随息居饮食谱》："韭，辛甘温。暖胃补肾，下气调营。主胸腹腰膝诸疼，治噎膈、经、产诸证，理打扑伤损，疗蛇狗虫伤。秋初韭花，亦堪供撰。韭以肥嫩为胜，春初早韭尤佳。多食昏神。目证、疟疾、疮家、痧痘后均忌。”

二、大　葱

大葱是以嫩叶和假茎为产品的二年生草本植物，属于百合科葱属，起源于俄罗斯的西伯利亚和我国西部，在我国的栽培历史已有2000年以上，大葱具有强适应性、耐热抗寒、耐贮高产的特点可周年供应。春、夏、秋供应青葱，南方区域一般秋播，也可春播，春播后当年冬季即可收获葱白，但产量较低。北方区域冬贮的大葱采用露地秋播育苗的居多，第二年春季定植，冬初秋末可以收获葱白。进行生产时，在设施内育苗可以防止抽薹早。

（一）分类

大葱主要包括普通大葱、胡葱、楼葱和分葱。在植物分类学中，普通大葱的变种是楼葱和分葱。普通大葱种植居多，按其假茎高度可分为短葱白型、鸡腿型和长葱白型。

1. 短葱白型

短葱白型植株稍矮、假茎粗短，长与粗之比小于10∶1，容易栽培。优良品种主要有寿光八叶齐等。

2. 鸡腿型

鸡腿型有短且基部膨大的假茎、略弯曲的叶、较细的叶尖，辣味较强、香气浓厚、较耐贮存，最适作调味品或熟食，对栽培技术要求不严格。优良品种有山东省章丘的鸡腿葱等。

3. 长葱白型

长葱白型有高大的植株、较长的假茎，长与粗之比大于10∶1，直立性强，味甜质嫩，熟食、生食均可，产量高。优良品种主要有山东省章丘的气煞风、大梧桐（又称梧桐葱）等。

（二）种植方法及管理要点

以秋播大葱露地栽培技术为例介绍大葱的种植方法及管理要点。

1. 播种育苗

（1）时间　各地播期均以幼苗越冬前有40～50天的生长期为宜，能长成两三片真叶、10厘米左右的株高；0.4厘米以下的茎粗为宜。

（2）播种方面　苗床均匀撒施腐熟农家肥5000千克/亩、过磷酸钙25千克/亩，做成8～10米长、1.0米宽的畦。播种时底水要灌足，撒种要均匀，而后覆盖细土约1厘米。大葱用种量为3～4千克/亩。

2. 幼苗期管理

（1）冬前管理　一般在冬前的生长期浇一两次水，在此期间要中耕除草。一般在冬前不追肥，土壤结冻前应结合追粪稀时，灌足冻水。越冬幼苗以长到两叶一心为宜。

（2）春苗管理　第二年日平均气温达到13℃时可以浇返青水，但不宜过早浇，以防止降低地温。如遇干旱可于中午灌小水一次，同时进行追肥，以确保幼苗正常生长。蹲苗以后应顺水追肥，以保证幼苗的旺盛生长。幼苗高50厘米时，就要停止浇水，进行幼苗锻炼，准备移栽。

3. 整地施肥

大葱是忌连作的作物，前茬确保为非葱蒜类作物。普施腐熟农家肥5～10吨/亩，浅耕灭茬，使肥土混合，耙平以后开沟种植。种植沟宜南北向，确保受光均匀，这样可以减轻大葱的倒伏，因为秋冬季节的北向风较强。

4. 定植

（1）定植时间　定植后应确保130天的生长期，一般在芒种到小暑这一时期定植较好。当植株长到高为30～40厘米，粗1.0～1.5厘米时，比较适宜定植。

（2）起苗和选苗分级　起苗前两天苗床要浇水一次。在起苗时要抖净泥土，选苗分级，剔除弱、病、抽薹苗和伤残苗，将葱苗分为小、中、大三级，栽植时可以分别栽植。如当日栽不完，应放在阴凉处，根要朝下放，以防葱苗捂黄、发热或腐烂。定植时行距大小因品种、产品标准不同而异。可采用排葱法定植，即在定植沟内，可以按株距摆苗，然后覆土、灌水；也可以先顺沟灌水，等水下渗后再摆葱苗盖土。

5. 田间管理

（1）浇水追肥　定植后不施肥浇水，以促进根系的发育，雨后还要注意排涝；从处暑至霜降前，进入生长旺盛期，这一生长期时期需水量比较大，中耕以后要培土成垄、浇水。第二次浅中耕后浇水的时间在9月中旬。霜降以后气温下降，大葱基本长成，进入假茎（葱白）充实期，植株缓慢生长、需水量也减少了，这时要确保土壤湿润，使葱白肥实鲜嫩。

（2）培土　加强肥水供应的同时也要进行培土，这样可以软化假茎、增加长度、提高品质。当进入旺盛生长期，及时中耕、分次培土，使原来的垄沟变垄台、垄台成垄沟。

6. 收获贮藏

根据市场需要及时收获上市，九十月份就可以上市鲜葱。但上市的鲜葱不能久贮。一般准备越冬干贮的大葱，收获要在晚霜以后，收获后要适当晾晒。

（三）大葱的营养价值

大葱以嫩叶和肥大的假茎（葱白）为产品，营养比较丰富，具有芳香辛辣的气味，熟食生食都可，并具有药用和杀菌价值，具有散寒通阳、发汗解表、解毒散凝的作用。适用于风寒感冒轻症、痢疾脉微、痈肿疮毒、小便不利、寒凝腹痛等。每100克大葱含水分92～95克、蛋白质1.42～1.49克、脂肪0.2克、碳水化合物4.8克、磷61毫克、钙51.7毫克、铁2.2毫克、胡萝卜素0.46毫克、维生素C 15毫克。此外，还含有原果胶、硫胺素、水溶性果胶、烟酸、核黄素和大蒜素等多种成分。

大葱的食疗作用是祛痰、解热，促进消化吸收、抗病毒、抗菌。葱油具有刺激上呼吸道，使黏痰易于咯出；有刺激机体消化液分泌的作用，能够增进食欲、健脾开胃；葱的挥发油等有效成分，能够刺激身体汗腺，使之发汗散热；所含果胶，可减少结肠癌发生，有抗癌作用；所含的大蒜素，具有抵御细菌、病毒的作用，尤其对痢疾杆菌和皮肤真菌抑制作用更强。另外蒜辣素也可以抑制癌细胞的生长。

（四）食疗保健食谱

1. 葱豉汤

葱30克、淡豆豉10克、生姜3片、黄酒30毫升。首先将葱、淡豆豉、生姜并水500毫升入煎，煎沸再加入黄酒煮沸就可以了。此汤具有理气和中、发散风寒的功效，适用于外感风寒、恶寒发热、鼻塞、咳嗽、头痛等。

2. 葱枣汤

大枣20枚、葱白7根。首先将红枣洗净，用水泡发，入锅内，加水适量，用温火烧沸，20分钟后，再加入洗净的葱白，继续用温火煎10分钟即可。服用时吃枣喝汤，每日两次。此汤具有散寒通阳、补益脾胃的功效，可辅治胸中烦闷、心气虚弱、健忘、失眠多梦等。

3. 葱炖猪蹄

葱50克、猪蹄4只，食盐适量。首先将猪蹄拔毛、洗净、用刀划口、葱切段，而后与猪蹄一起放入，加入适量的水，再加入适量食盐，先用大火烧沸，后用温火炖熬，直至熟烂。此菜具有通乳、补血消肿的作用。适用于四肢疼痛、血虚体弱、疮疡肿痛、形体浮肿、妇人产后乳少等。

4. 葱烧海参

葱120克、水发海参200克、清汤250毫升、油菜心2棵、湿玉米粉、料酒各适量。首先将海参洗净、用开水汆一下；再用熟猪油把葱段炸黄，制成葱油；这时海参可以下锅，加清汤和味精、酱油、料酒、食盐等调料，用湿玉米粉勾芡浇于菜心、海参上，淋上葱油即成。此菜具有益精壮阳、滋肺补肾的作用。适用于肺阳虚所致的咯血、干咳、再生障碍性贫血、肾阳虚的阳痿、遗精及糖尿病等。

5. 葱白粥

葱白10克、粳米50克，白糖适量。首先煮粳米，待米熟时在把切成段的葱白及白糖放入即成。此粥具有和胃补中、解表散寒的作用。适用于头痛鼻塞、风寒感冒、面目浮肿、身热无汗、痈肿、消化不良等。

注意事项：表虚多汗者忌食；不能与蜂蜜一起内服。

《本草纲目》："除风湿身痛麻痹、止大人阳脱、阴毒腹痛、虫积心痛、小儿盘肠内钓，妇人妊娠溺血、通乳汁、散乳痈、涂制犬伤、利耳鸣、制蚯蚓毒。"《本草从新》："通上下阳气、发汗解肌、仲景白通汤、通脉四逆汤并加之以通脉回阳。若面赤格阳于上者，尤须用之。"民间谚语："香葱蘸酱，越吃越壮。"

第五节 茄果类蔬菜

一、番 茄

番茄，一年生草本植物，茄科番茄属，别名西红柿、洋柿子，原产于厄瓜多尔的热带高原地区和南美洲西部的秘鲁。我国南、北方地区的自然、气候条件相差悬殊，番茄的栽培季节与茬口安排差异较大。南方地区番茄在炎热多雨的地区不易越夏，一般采用春、夏和秋、冬栽培，也可以进行遮阳网栽培；北方地区番茄分露地栽培和设施栽培，露地栽培分春、秋两季。设施栽培因所用的设施类型不同茬口较多，用塑料拱棚覆盖可进行春早熟和秋延迟栽培；在日光温室可进行春早熟、秋延迟和越冬茬栽培。番茄比较忌重茬，实行轮作种植效果更好，年轮作一次，一般需与非茄科蔬菜实行轮作。

（一）分类

根据分枝习性可分为无限生长型和有限生长型两种类型。

1. 无限生长型

无限生长型主茎生长8～10片叶后第一花序着生，以后每隔两三片叶一个花序着生，条件适宜时可无限着生花序，不断开花结果。

2. 有限生长型

有限生长型主茎生长六七片叶后，第一花序开始着生，以后每形成一个花序要隔一至两叶，当着生2~4个花序后，花序在主茎顶端形成，延续枝就不再发生，故又称自封顶。

（二）种植方法及管理要点

以日光温室冬春茬栽培技术为例介绍番茄的种植方法及管理要点。

1. 品种选择

宜根据销售地区消费的习惯来选择果实颜色、形状、结果期长、品质好、产量高、耐贮运的中晚熟品种。

2. 育苗技术要点

在日光温室内做苗床育苗。约需种子30克/亩。浸种催芽后的种子均匀撒播于苗床中，苗床播种量5克/平方米左右。幼苗具三片真叶前就可以分苗，以免影响花芽分化。可采用苗床或营养钵移植。为防止青枯病等土传病害，克服连作障碍，可采用嫁接育苗。番茄嫁接育苗技术在我国尚处于试验推广阶段，而在日本已广泛应用。

3. 整地定植

定植前对温室土壤和空间进行熏蒸消毒，确保在定植前1周翻地施基肥，撒施优质农家肥的量为6~8吨/亩，深翻要达到40厘米，这样才能确保粪土混合均匀，然后耙平。定植时按50厘米行距开定植沟两条，按株距33厘米摆苗，开浅沟在两行中间，沟的深浅宽窄要一致，作膜下灌水的暗沟。在定植完毕后用小木板把垄台刮光，再覆地膜。

4. 定植后的管理

（1）温光调节方面　闭棚升温，高温、高湿的条件下利于缓苗。当温度超过30℃时可适当放下部分草苫遮光降温。进入结果期宜采用“四段变温管理”，为了促进植株的光合作用，在上午见光后使温度迅速升至25~28℃，下午植株光合作用逐渐减弱，可将温度降至20~25℃，前半夜应使温度保持在15~20℃，是为促进光合产物运输，后半夜尽量减少呼吸消耗，温度应降到10~12℃。

（2）水肥管理方面　冬春茬的番茄前期底墒充足、放风量小，而且在覆盖地膜环境下，水的消耗少，在第一穗果膨大期一般不浇水。第二穗果长至核桃大小时，进行第一次追肥并结合灌水，以后升高气温、增大放风量、灌水量逐渐加大。在第四穗果、第六穗果膨大时期分别追一次肥。叶面追肥继续进行。结果期可增施CO_2气肥。

5. 植株调整

番茄植株不能直立生长，当长到一定高度时、吊绳缠蔓需及时跟进。拉一条铁丝在每行番茄上方、每株番茄都用尼龙绳系上，尼龙绳上端则系在铁丝上，下端系在插入土中10厘米左右的小竹棍上。随着植株的生长及时将主茎缠到尼龙绳上。

6. 保花保果

冬春茬番茄花期难免遇雨雪天气、弱光、低温，授粉受精不良而导致落花落果。研究显示，采用浓度为25~50毫克/升的番茄灵（对氯苯氧乙酸）等生长调节剂处理可以对番茄进行保花保果。此外，采用熊蜂授粉也可以提高坐果率，达到省工、省力、优质、高产的效果。这样既可以改善番茄果实品质，又可以解决用化学物质促进坐果所带来的残留问题，还可以提高番茄果实含糖量，使口感好、果型匀整、商品果率提高。

7. 疏花疏果

为获高产、果实整齐一致、提高商品质量、需要疏花疏果。疏花疏果一般分两次进行，每一穗花大部分开放时，疏掉开放较晚的小花和畸形花；果实坐住以后，把发育不整齐，形状不标准的果疏掉。

8. 采收

番茄是以成熟果实为产品的蔬菜，果实成熟分为绿熟、转色、成熟和完熟期四个时期。如近期销售的，采收可在成熟期。

（三）番茄常见生理病害及其防治

1. 脐腐病

脐腐病俗称“黑膏药”“烂脐”，又称蒂腐果、顶腐果，番茄上较普遍发生，一旦得病就失去商品价值，如果发病重时损失很大。多数人认为是果实缺钙所致。为防止脐腐病的发生，可采用以下措施：施过磷酸钙或消石灰入在土壤作基肥；追肥时要避免氮肥施用过多而影响钙的吸收；在定植后勤中耕，以促进对钙的吸收；疏花疏果要及时，以减轻果实间对钙的争夺。

2. 筋腐病

筋腐病俗称“黑筋”“乌心果”等，又称条腐果、带腐果。筋腐果有两种类型：一是褐变型筋腐果，果实膨大期，果面凸凹不平、局部出现褐变、僵硬的果肉、甚至会出现坏死斑块。二是白变型筋腐果，这种现象一般发生在绿熟期至转色期，果实从外观来看着色不均，在病部有蜡样光泽。普遍认为番茄植株内的碳/氮比值下降和体内碳水化合物不足，引起了代谢失调，使维管束木质化，导致了褐变型筋腐果。而烟草花叶病毒（TMV）侵染是致白变型筋腐果的主要原因。防治措施：选择抗病品种、提高管理水平、改善环境条件、实行配方施肥等。

3. 空洞果

空洞果酷似“八角帽”，从外表看带棱角。空洞果比正常果轻而大，空洞果胎座与果肉之间缺少充足种子和胶状物，存在空腔。主要原因是果实发育期养分不足或花期授粉，受精不良造成的。防治措施：可以选择心室数多的品种，生长期间注意肥水管理，保花保果时要合理使用生长调节剂。

4. 裂果

番茄裂果的开裂部位极易被病菌侵染，也不耐贮运，果实的商品价值就失去。依果实开裂部位和原因可分为同心圆状、放射状和条纹状开裂。主要原因是土壤干旱、强光、高温等因素导致果实生长缓慢。如果突然灌大水，而果皮细胞已失去与果肉同步吸水膨大的能力而开裂。防治措施：选择不易开裂品种，注意供水均匀，应避免忽干忽湿，防止久旱后过湿。花序安排在架内侧避免阳光直射而造成果皮老化。

5. 畸形果

畸形果在设施栽培中发生较多，又称番茄变形果。主要原因是环境条件不适宜而造成，在花芽发育及花芽分化期间肥水太过充足，使番茄心室数量增多，生长不整齐，这是直接原因。使用浓度过高生长调节剂蘸花时就形成了尖顶果。防治措施：注意苗期温、光、水肥的管理、防止温度忽高或忽低，开花结果期合理施肥，保花保果时使用的生长调节剂掌握浓度和处理时期。

6. 日烧果

日烧果是指果实膨大期绿果的肩部朝向阳面，果实被灼部后，呈现变白的病斑，有光泽的表面，似透明革质状，并有凹陷状出现。后病部稍变黄，表面有时出现皱纹，干缩变硬，果肉坏死，变成褐色块状。其原因是定植的过稀、摘叶过多、整枝打杈过重，果皮部分受到阳光直射温度过高而灼伤。

（四）番茄的营养价值

番茄果实酸甜适口、柔软多汁，含有丰富的矿物质元素和维生素 C，深受人们的喜爱。番茄除可烹饪多种菜肴和鲜食以外，还可以加工制成沙司、汁、酱等强化维生素 C 的罐头及干、脯等加工品，用途比较广泛。番茄还具有消食健胃、生津止渴、清热解毒、凉血平肝的功效。主治热病津伤口渴、肝阳上亢、食欲不振、烦热、胃热口苦等。每 100 克番茄含蛋白质 0.6 克、碳水化合物 3.3 克、脂肪 0.2 克、磷 22 毫克、铁 0.3 毫克、硫胺素 0.3 毫克、胡萝卜素 0.25 毫克、核黄素 0.03 毫克、抗坏血酸 11 毫克、烟酸 0.6 毫克。此外，还含有苹果酸、维生素 P、谷胱甘肽、柠檬酸、番茄红素等。番茄具有促进消化、保护皮肤弹性、促进骨骼发育、护肝、抗疲劳的食疗作用。

（五）食疗保健食谱

1. 牛奶西红柿

鲜牛奶 200 毫升、西红柿 250 克、鲜鸡蛋 3 个，淀粉及配料适量。首先将西红柿洗净、切块；再用鲜牛奶将淀粉调成汁，鸡蛋煎成荷包蛋待用；鲜牛奶汁煮沸以后，将西红柿加入、荷包蛋煮片刻，然后加入白糖、胡椒粉、花生油、精盐，调匀即成。此汤羹营养丰富、可口鲜美，具有补中益气、和胃健脾的作用，适用于脾胃虚弱、年老体弱者宜食之。

2. 西红柿炒肉片

瘦肉、西红柿各 200 克、菜豆角 50 克、蒜、姜、葱各适量。首先将猪肉切成薄片，西红柿切成块状，菜豆角洗净、去筋、切成段状，炒锅放油 50 毫升，上火烧至七分热，先下肉片、姜、蒜、葱煸炒，等到肉片发白时，就可以放入豆角、西红柿、盐略炒。然后锅内加入适量的汤，稍闷煮少许，起锅时再加入味精适量，搅匀即可。此菜具有补中益气、消食健胃的作用，对于食欲不振、脾胃不和的患者比较适宜。

3. 糖拌西红柿

西红柿 4 个、绵白糖 100 克。首先将西红柿洗净、开水烫一下、去皮和蒂，再切成月牙块，放入盘中，最后加糖拌匀即成。此菜具有平肝健胃、生津止渴的作用，适用于高血压、口干口渴、发热等。

4. 西红柿豆腐羹

西红柿、豆腐各 200 克，毛豆米 50 克，白糖适量。首先将豆腐切片，再入沸水稍焯一下，沥水待用；西红柿洗净、沸水烫后去皮，再剁成茸状，下油锅煸炒，加白糖、味精、精盐，稍微炒几下待用；毛豆米洗净；油锅下清汤、精盐、毛豆米、豆腐、味精、胡椒粉、白糖，烧沸入味。用湿淀粉勾芡，下西红柿酱汁，推匀，出锅即成。此羹具有益气和中、生津止渴、健补脾胃的作用，适用于消化不良、饮食不佳、脘腹胀满、脾胃虚寒等病症。经常食用，可强壮身体。

注意事项：西红柿性寒，便溏泄泻者不宜多食。

《陆川本草》："生津止渴，健胃消食，治口渴，食欲不振"。《食物中药与便方》："清热解毒，凉血平肝"。

二、茄　子

由于茄子整个生育期较长，一次露地栽培全年的茬次比较少，北方区域多为一年一茬，早春可以利用设施育苗，定植可以在终霜后，拉秧在早霜来临时。

（一）栽培特性及分类

1. 栽培特性

长江流域茄子定植多在清明后，采收在夏秋季节，茄子具有较强的耐热性，夏季供应时间比较长，成为许多地方夏、秋淡季填补的重要蔬菜。华南无霜区域，一年四季露地栽培均可。云贵高原由于高海拔、低纬度的地形特点，夏季无炎热，也适合茄子生长，许多地方越冬栽培也可以。近年来，北方区域设施栽培发展速度很快，一些区域已形成了规模化的大棚、温室生产，取得很好的经济效益。

2. 分类

茄子按照熟性分为晚熟、中熟和早熟种；按颜色分为白茄、红茄、绿茄和紫茄；按果形分为卵茄、长茄和圆茄。

（1）卵茄　较矮小的植株，开展度较大，叶薄而小，果实呈灯泡或卵圆形，果皮为绿色、白色和紫色，中等大小，单果重 100～300 克。较强的抗逆性，种植区域遍及各地，大多为中、早熟种。

（2）长茄　植株长势及高度中等，狭长而较小的叶，较多的分枝。果实棒状而细长，有的长达 30 厘米以上。较薄的果皮，松软的肉质，较少的种子。果实有白色、青绿色和紫色等。结果多在单株上，单果质量小，主要以中、早熟品种为主，是我国茄子的主要类型。长茄属南方生态型，喜温暖湿润、多阴天的气候条件，比较适合于设施栽培，优良品种较多。

（3）圆茄　具有高大的植株，粗壮直立的茎，肥厚而大的叶片，生长旺盛，果实为椭球形、扁球形或球形，果色有绿白色、绿色、紫红色和紫黑色等。晚中熟品种居多，较紧密的肉质，单果质量较大。属北方生态型，适应于阳光充足、气候干燥温暖的大陆性气候，多作露地栽培品种。

（二）种植方法及管理要点

以日光温室冬春茬栽培技术及茄子再生栽培技术为例介绍茄子的种植方法及管理要点。

1. 日光温室冬春茬栽培技术

（1）品种选择　一方面考虑温室冬、春季生产宜选择抗病性强、耐弱光和耐低温的品种，另一方面要熟悉销售区域消费者的消费习惯。目前主要以卵茄和长茄为主。

（2）嫁接育苗　茄子易受根结线虫病、立枯病、青枯病和黄萎病等土传病害的危害，忌重茬，确保五六年轮作一次。嫁接育苗技术的实施，可以有效地防治黄萎病等土传病害，嫁接由于强大的根系、较强吸收水肥能力，植株生长比较旺盛，就可以延长采收期，从而提高产量和品质。

（3）整地定植　日光温室冬春茬茄子，由于采收期长，需大量农家肥，以确保高产，定植的时候在垄上开深沟，保证肥土均匀混合。按株距 30～40 厘米的距离摆苗，盖土少量，而后浇透水后合垄。栽时深度要掌握好，以垄面高于土坨上表面 2 厘米为宜。定植后覆地膜并引苗出膜外。

（4）定植后管理　定植后外界为严寒的天气，管理上主要以增光、保温为主，配合植株调整、肥水管理以争取提早采收，增加产量。

①温、光调节：定植后密闭保温，以促进缓苗。条件适宜的区域可以加盖二层幕、小拱棚，以创造高湿、高温条件。定植1周以后，开始新叶生长，标志已经缓苗。寒流到来时，要有加温设备。在开花结果期采用四段变温管理。茄子是喜光作物，在定植的时期刚好是光照最弱阶段，应采取增光补光等各种措施，如张挂反光幕，以增加光照强度，以提高地温和气温。

②水肥管理：定植时水浇足以后，确保门茄坐果前可不浇水，开始浇水要在门茄膨大后，应实行膜下暗灌的浇水方式，这样空气湿度会降低。这一时期也可以开始追肥，在整个生期每周喷施一次磷酸二氢钾等叶面肥。为增产也可以在生产中施用二氧化碳气肥。

③植株调整：冬春茬茄子生产的障碍是植株高大、地温低、湿度大、互相遮光。及时整枝可以提高地温、降低湿度、也可以调整秧果关系。日光温室冬春茬茄子多采用双干整枝，生长后期，植株较高大，可利用尼龙绳吊秧，将枝条固定。

④保花保果：日光温室茄子冬春季生产室内光照弱、温度低、果实不易坐住。提高坐果率措施要加强管理，创造适宜的环境。此外，开花期选用30～40毫克/升的番茄灵生长调节剂喷花或涂抹花瓣和花萼。

（5）采收　达到“茄眼睛”（萼片下的一条浅色带）消失是茄子达到商品成熟度的标准，这时就可以采收。为防止采收时撕裂枝条，要用剪刀剪下。

设施茄子进入高温季节后，病虫害就比较严重，果实的商品品质也比较差，产量也会随之下降。可以利用茄子的潜伏芽越夏，割茬以后可以再生栽培，来保证秋冬市场的供应。一次育苗，二茬生产，节省了大量人力和财力，通过加强管理，可有效地改善生长状况和果实的商品品质，从而获得较高经济效益。

2. 茄子再生栽培技术

（1）剪枝再生　七月中下旬选择大棚、温室内未明显衰败的茄子植株，保留茄子主干10厘米左右其他均可以剪掉，除去全部上部枝叶。嫁接的茄子可在接口上方10厘米处剪除。

（2）涂药防病　主干剪除后，立即用疫霜灵100克、农用链霉素100克、50%多菌灵可湿性粉剂100克、加0.1%高锰酸钾溶液调成糊状，在伤口处涂抹，以防止病菌侵入。同时，田园及时清理，喷药防病虫。

（3）重施肥水　剪枝后及时中耕松土，施充分腐熟的农家肥3000千克/亩、尿素20千克/亩、过磷酸钙30千克/亩，在栽培行间挖沟深施，要经常浇水以促使新叶萌发。

（4）田间管理　剪枝10天后即可发出新枝，每株留一至两枝，每枝留一至两果即可。新枝长至12～15厘米时出现花蕾，再过10～15天便可采收。茄子嫁接后具有更强的生长势，适当稀植后，可进行多年生栽培，即一年两次剪枝，连续栽培两三年。

（三）茄子的营养价值

茄子营养比较丰富，每100克茄子含有碳水化合物3.1克、蛋白质2.3克、脂肪0.1克、磷31毫克、钙22毫克、铁0.4毫克、胡萝卜素0.04毫克、核黄素0.04毫克、硫胺素0.03毫克、抗坏血酸3毫克、烟酸0.5毫克。此外，茄子含有维生素E，具有抗衰老和防止出血作用，经常食用可维持血液中胆固醇水平，具有延缓衰老的意义。

（四）食疗保健食谱

1. 炸茄饼

茄子300克、肉末100克、鸡蛋三枚，姜末、葱花等配料适量。首先将茄子洗净、去皮，切成夹刀片（直径 3 厘米）；肉末内加姜、葱、精盐、黄酒与味精，搅拌均匀；然后鸡蛋去壳打碎，再投入淀粉调成糊，茄夹肉撒适量干淀粉，再做成茄饼；放油入锅烧至六分热时，茄饼挂糊，逐个下锅炸至八分熟时捞出，当到八分热的油温时，再将茄饼放入再炸一遍，酥脆时出锅，撒上椒盐末就可以了。此菜具有养胃和中的功效，适合食欲不振、胃纳欠佳的人群食用。

2. 炒茄子

茄子 250 克。首先将茄子洗净、切块，置锅火上，加油烧至七分热，倒入茄子块煸炒至熟，再加适量精盐。此菜具有清热解毒作用，痔疮出血者适合食用。

3. 蒸茄子

茄子 250 克。首先将茄子洗净、切成条状，放入碗中，放入蒸笼蒸 20 分钟左右；再将蒸熟的茄子取出，趁热放麻油即可。此菜具有清热消痈之作用，皮肤溃烂者适宜食用。

4. 虾仁茄罐

茄子 750 克、瘦肉 150 克、虾仁 50 克、鸡蛋 2 枚、净笋、冬菇各 25 克，姜、葱末各少许。首先先将茄子削成圆片（约 1 厘米厚），猪肉切成长丝；冬菇、笋切成丝，用开水把冬菇丝、冬笋烫一下，控干待用；先把虾仁在炒锅内炒一下，捞出，再加入茄片炸至呈金黄色时捞出；鸡蛋炒成碎块备用；将面酱、肉丝放入炒锅，加姜、葱炒熟，锅内入冬菇丝、鸡蛋、笋丝、虾仁，加酱油、料酒，加少许汤和味精拌匀，装盆中作馅，再准备碗一个，铺一片茄子在碗底，围上茄片贴靠在碗边，碗内装入馅，茄子片盖在上面，上蒸笼蒸熟，蒸熟后的原汤倒勺内，将茄子倒入平盘，锅坐火上勾芡，加花椒油，最后把汁浇在茄子罐上即成。此菜营养丰富、色香味俱佳，具有降压止血、健脾宁心的作用。适合高血压、动脉硬化、坏血病、脑血栓者食用。

注意事项：茄子性凉，脾胃虚寒便溏者不宜多食。

《日华子本草》："治温疾，传尸痨气。"《医林纂要》："宽中，散血，止渴。"

第六节　瓜类蔬菜

一、黄　　瓜

黄瓜，别名王瓜、胡瓜，具有效益好、产量高等特点，消费量和栽培面积都很大，普遍栽培于世界各国。黄瓜在我国长江流域以及其以南地区无霜期长的区域，一年四季均可种植，如我国的长江流域及以南区域。在北方区域由于无霜期较短，除夏季露地种植外，可以利用日光温室、塑料棚进行越冬、延后和提前种植，以实现均衡供应和周年生产。黄瓜的露地栽培以夏秋季为主，而利用塑料中、大棚等设施进行保护栽培则以冬、春季节为多。近年来，我国北方地区日光温室栽培面积较大，再加上其他设施栽培和露地栽培，实现了周年均衡供应。

（一）分类

黄瓜根据品种的生态学性状及分布区域，可分为华南型、华北型、北欧温室型、欧美露地型、小型黄瓜等。目前在我国栽培的黄瓜多为北欧温室、华南型和华北型。

1. 华南型

华南型又名“旱黄瓜”，分布在日本各地及中国长江以南地区。该黄瓜类型具有繁茂的茎叶、较粗的茎、较短节间、肥大的叶片，短日照、耐湿热。短粗的果实，硬的果皮，果皮有黄白色、绿白色、绿色，稀疏的刺瘤，黑刺。

2. 华北型

华北型又名“水黄瓜”，在中国黄河流域以北及日本、朝鲜等地分布。植株中等的生长势，天气晴朗的气候条件，喜土壤湿润，对日照长短要求不严。该类型黄瓜具有较长的叶柄和茎节，大而薄的叶片，细长的果实，白刺的刺瘤密、绿色。

3. 北欧温室型

北欧温室型分布于荷兰、英国。植株具有繁茂的茎叶，耐低温弱光，对长短日照要求不严。果面无刺光滑、绿色、单性结果或种子少。

4. 欧美露地型

欧美露地型在北美洲及欧洲各地均有分布。植株长势繁茂、圆筒形果实、大小中等、白刺、瘤稀、清淡味，老熟果黄褐色或浅黄。

5. 小型黄瓜

小型黄瓜在欧美及亚洲各地均有分布。较矮小的植株，强分枝性；多花多果，小果实。

（二）种植方法及管理要点

以日光温室秋冬茬栽培技术介绍黄瓜的种植方法及管理要点。

1. 品种选择

这一时期的黄瓜栽培，供应市场的时期主要为深秋和初冬，是周年供应的重要环节。冬春茬黄瓜与秋冬茬黄瓜所经历的环境条件相反。因此，应选择结瓜期耐低温弱光、苗期耐高温强光的品种。

2. 育苗

该黄瓜以夏末秋初播种育苗为主，而这时正值多雨季节、强光和高温环境条件，不利于幼苗的生长发育。因此，设置苗床时应选择地势高燥的区域，在苗床上方设四周通风的遮阳防雨棚，确保苗床内透光率为50%左右。

3. 整地定植

秋冬茬黄瓜于9月份定植。定植前温室前屋面覆盖薄膜，并将底脚薄膜揭开，后部开通风口。定植前撒施一定量的优质农家肥，避免在高温强光下定植。缓苗之后，适时松土，封好定植沟并覆盖地膜。

4. 定植后管理

（1）温、光调节　定植初期外界温度比较高，因此温室内各通风口都应打开，昼夜放风。如光照过强，可在棚膜上甩泥浆或覆盖遮阳网以降低透光度。下雨前把薄膜盖好，防止雨水进入温室，引发病害。当外界最低温度降至15℃时，要逐渐减少通风量，保持日温25～30℃，夜温13～15℃。当外界最低气温降至12℃时，夜间开始闭风。当夜间室内气温降至10～12℃时，开始覆盖草苫，遇到灾害性天气，还应采取临时加温措施。

（2）水肥管理　秋冬茬黄瓜第1次追肥灌水应在根瓜膨大期进行，结果前期光照强、温度高、放风量大、土壤水分蒸发快，可以适当勤浇水，每隔5～6天浇一次水，浇水后要加强放风。浇水最好在早晨、傍晚进行。根据植株生长情况，为防止叶片早衰，可进行叶面喷肥。

（3）植株调整　秋冬茬黄瓜缓苗后应立即吊蔓，方法与冬春茬黄瓜相同。对于以主蔓结瓜为主的品种，应及时打掉侧枝。秋冬茬黄瓜生育期短，不能像冬春茬黄瓜那样无限生长，植株达到25节时摘心，在温光条件适宜，肥水充足的情况下，可促进回头瓜发育。

5. 采收

根瓜尽量早采，以防坠秧。根瓜成熟后，应严格掌握标准，在商品性最佳时采收。特别是结果前期，温度较高，光照充足，瓜条生长快，必须提高采收频率，甚至每天采收一次。以后随着外温的下降，光照减弱，瓜条生长缓慢，要相应降低采收频率，尤其是接近元旦春节，在不影响商品质量的前提下，尽量延迟采收。

（三）黄瓜的营养价值

黄瓜营养丰富、气味清香，鲜食、熟食均可，还能加工成泡菜、酱菜等，是世界人民喜食的蔬菜之一。黄瓜具有清热利水、解毒消肿、生津止渴的功效。适用于身热烦渴、咽喉肿痛、风热眼疾，湿热黄疸，小便不利等。黄瓜的营养成分是每100克含蛋白质0.6～0.8克、脂肪0.2克、碳水化合物1.6～2.0克、灰分0.4～0.5克、钙15～19毫克、磷29～33毫克、铁0.2～1.1毫克、胡萝卜素0.2～0.3毫克、硫胺素0.02～0.04毫克、核黄素0.04～0.4毫克、烟酸0.2～0.3毫克，抗坏血酸4～11毫克。此外，还含有葡萄糖、鼠李糖、半乳糖、甘露糖、果糖、咖啡酸、绿原酸、多种游离氨基酸以及挥发油、葫芦素、黄瓜酶等。黄瓜的食疗作用有抗衰老、防酒精中毒、降血糖、减肥强体。

（四）食疗保健食谱

1. 糖醋黄瓜片

黄瓜500克，精盐、白糖、白醋各适量。先将黄瓜去籽洗净，切成薄片，精盐腌渍30分钟；用冷开水洗去黄瓜的部分咸味，水控干后，加精盐、糖、醋腌1小时即成。此菜酸甜可口，具有清热开胃、生津止渴的功效，适用于烦渴、口腻等，暑天食之尤佳。

2. 紫菜黄瓜

黄瓜150克、紫菜15克、海米适量。先将黄瓜洗净切成菱形片状，紫菜、海米亦洗净；锅内加入清汤，烧沸后，投入黄瓜、海米、精盐、酱油，煮沸后撇浮沫，下入紫菜，淋上香油，撒入味精，调匀即成。此汤具有清热益肾之功，适用于妇女更年期肾虚烦热者。

3. 山楂汁拌黄瓜

嫩黄瓜5条、山楂30克、白糖50克。先将黄瓜去皮心及两头，洗净切成条状；山楂洗净，入锅中加水200毫升，煮约15分钟，取汁液100毫升；黄瓜条入锅中加水煮熟，捞出；山楂汁中放入白糖，在文火上慢熬，待糖融化，投入已控干水的黄瓜条拌匀即成。此菜具有清热降脂、减肥消积的作用，肥胖症、高血压、咽喉肿痛者食之有效。

4. 黄瓜蒲公英粥

黄瓜、大米各50克，新鲜蒲公英30克。先将黄瓜洗净切片，蒲公英洗净切碎；大米淘洗先入锅中，加水1000毫升，如常法煮粥，待粥熟时，加入黄瓜、蒲公英，再煮片刻，即可食之。此粥具有清热解暑、利尿消肿之功效。适用于热毒炽盛、咽喉肿痛、风热眼疾、小便短赤等。

注意事项：黄瓜性凉，胃寒患者食之易致腹痛泄泻。

《日用本草》：“除胸中热，解烦渴，利水道。”《陆川本草》：“治热病身热，口渴，烫伤。”《滇南本草》：“解痉癖热毒，清烦渴。”《本草求真》：“气味甘寒，能清热利水。”

二、西　　瓜

西瓜栽培方式较多，中国各地主要有露地栽培和设施栽培，其中露地栽培是各地最基本、最重要的栽培方式，是解决市场商品供应的主要途径。设施栽培包括地膜覆盖、双膜覆盖、大棚和日光温室栽培，地膜覆盖和双膜覆盖栽培，因增温、保墒、早熟、增产增收效果显著，已成为早熟高效栽培的重要形式之一。

（一）栽培特性及分类

1. 栽培特性

近年来，利用日光温室、塑料大棚和小拱棚等设施进行西瓜早熟栽培发展势头迅猛，取得了较好的经济效益。西瓜露地栽培为春播夏收，由于不耐低温，幼苗出土期或幼苗定植期受当地晚霜期的限制，故幼苗出土或定植的最早安全期必须在当地晚霜过后。

2. 分类

西瓜分类尚无统一标准。根据栽培熟性可分为早熟、中熟和晚熟等品种；按照用途可分为食用类型和籽用类型；根据种子大小，可分为大子型和小子型；根据品种的分布和对气候的适应性，西瓜分为5个生态型。

（1）华北生态型　原产华北，适应温暖半干旱气候，长势强或中等，果型大或中等，为中晚熟种。

（2）东亚生态型　原产中国东南沿海和日本，适应湿热气候，长势较弱，为小果型早熟或中熟种。

（3）新疆生态型　原产新疆，适应干旱的大陆性气候，品种长势强，为大果型晚熟种。

（4）俄罗斯生态型　原产于伏尔加河中、下游和乌克兰草原地带，适应干旱少雨气候，生长旺盛，多为中、晚熟种。

（5）美国生态型　原产美国南部，适应干旱的沙漠草原气候，长势较强，为大果型晚熟种。

（二）种植方法及管理要点

以春早熟双膜覆盖西瓜栽培技术、二茬瓜生产技术为例介绍西瓜的种植方法及管理要点。

1. 春早熟双膜覆盖西瓜栽培技术

（1）整地定植　选择背风向阳、地势高燥、排灌方便、土层深厚、疏松的沙壤土地块，头一年秋季深翻晒垡、熟化土壤。春季施基肥，化肥可与土壤混拌后施于施肥沟上层。然后在沟上做成顶宽1.0米、高15厘米的小高畦，畦上覆地膜暖地。

（2）定植后管理　定植后5天内不通风，提高土温和气温，促进缓苗。缓苗后随天气变化管理棚温，使棚内最高温度不超过35℃，最低不低于12℃。温度可通过通风调节，通风口由小到大，切勿猛揭通风，防止闪苗。遇寒流时，应及早盖严棚膜，或加盖草苫纸被。

（3）水肥管理　果实膨大期间追施膨瓜肥，每667平方米施三元复合肥15千克、硫酸钾10千克或追施饼肥75千克。变瓤期每周叶面喷施一次0.2%的磷酸二氢钾。

（4）整枝压蔓　双膜覆盖栽培主要采取双蔓整枝，即保留主蔓和基部一条健壮侧蔓，其余侧蔓及时去掉。压蔓可分为明压和暗压两种形式。明压是指用土块、枝条将瓜蔓压在地面上，土壤黏重、湿度较大、植株长势弱的情况下可采用明压；暗压是将瓜蔓分段间隔埋入土中，仅使叶柄或叶片露出地面，对植株长势强、干旱、沙质土壤宜采用暗压。

（5）留瓜与整瓜　开花坐果期若遇阴雨天，需给雌花和雄花套纸袋，天晴后取下纸袋授粉，并做标记。为促进坐瓜，对生长势较强的植株，在瓜长到鸡蛋大小时，将坐瓜节后4~5叶处的茎蔓重压。夏季高温时需给果实遮阳，防止日灼。

2. 二茬瓜生产技术

（1）剪蔓净园　7月上中旬，第一茬瓜全部采收后进行剪蔓，越早越好。主、侧蔓基部留10厘米左右老蔓，其余全部剪掉。将剪下的老蔓连同地膜杂草一起清除园外。

（2）中耕追肥　剪蔓净园后及时中耕松土，促新蔓早发。幼瓜坐住后追施膨瓜肥补充根系吸收的不足，防止叶片过早衰老。

（3）浇水排水　第二茬西瓜生育期短（60天左右），正值高温多雨季节，做好水分管理工作。雌花开放前后和膨瓜期，选择早晨或傍晚浇水；大雨后立即排除积水，促进根系旺盛生长。

（4）整枝压蔓　选留2~3条蔓，压蔓时使这2（或3）条蔓靠在一起，便于其发育一致，容易坐瓜。

（5）选瓜留瓜　选留第2~3朵雌花进行人工授粉，待幼瓜坐住后选留一个果形端正、发育好的幼瓜，另一个及时摘除。

（三）西瓜的营养价值

西瓜为葫芦科西瓜属一年生蔓性草本植物，由于其果实味甜多汁、清凉爽口，是夏季消暑佳品，除作水果食用外，还具有一定的食疗价值，具有清热解暑、除烦止渴、利小便的功效。西瓜的营养成分是每100克西瓜瓤含水分94.1%、蛋白质0.61克、碳水化合物7.55克、粗纤维0.4毫克、灰分0.2克、钙6毫克、磷10毫克、铁0.2毫克、胡萝卜素0.17毫克、硫胺素0.02毫克、核黄素0.02毫克、烟酸0.2毫克、抗坏血酸3毫克。此外，还含有瓜氨酸、精氨酸、丙氨酸、氨基丁酸、谷氨酸等多种氨基酸及磷酸、苹果酸、乙二醇等。西瓜的食疗作用是清热解暑、补充营养、美容、抗衰老、帮助蛋白质的吸收、利尿降压、治疗肾炎、预防疾病。西瓜含有大量水分、多种氨基酸和糖，可有效补充人体的水分，防止因水分散失而中暑。

（四）食疗保健食谱

1. 鲜西瓜汁

鲜西瓜1000克，去皮及瓜子，捣汁食用，每日2次。功能清热解暑、除烦止呕、利大小便。适用于热病烦渴、中暑头晕、干渴作呕、小便不利、尿道感染及大便干燥等。

2. 冰糖西瓜

新鲜西瓜1个约3千克，以小尖刀开一小口，取出部分瓜瓤，放入冰糖50克，以瓜皮封口，隔水蒸90分钟，待凉后，吃瓜饮汁，日服1个，连服7天。功能清热润肺，适用于咳嗽少痰、痰黏稠不爽等病症。

3. 瓜皮赤豆茶

新鲜西瓜皮、新鲜冬瓜皮各50克、赤小豆30克。以上三味洗净，同置瓦罐中，加水500毫升，以小火煎20分钟，滤出汤汁，当茶饮用，连服10天。此茶具有利水消肿的功效，适宜于肾炎及心功能不全所致的水肿患者饮用。

4. 翠衣鳝丝

粗鳝鱼肉500克、熟猪油500毫升、鲜西瓜皮150克、鸡蛋1枚、葱、蒜各适量。将鳝鱼肉冲洗干净，用刀批成片，再改刀切成丝，然后用清水漂洗一次，捞起沥干水，并用干纱布吸去水分；西瓜皮削去外表硬皮，切成块，捣成泥状，滤出翠衣汁，加入淀粉，制成翠衣汁淀粉备用；鳝丝装入盆中，打入蛋清，加翠衣汁淀粉、精盐、料酒，抓匀；将锅置火上，倒入熟猪油烧热，放入鳝丝、蒜末、葱白末滑炒，视色变白后捞出沥油；原锅留少许油上火，投入葱、蒜，再放人鳝丝，加少许瓜皮汁、料酒、精盐翻炒，用淀粉勾芡，颠翻几下，淋入芝麻油，起锅装盘即成。此菜具有补虚损、祛风湿的功效。适宜于久病虚损、形体瘦弱、风湿性关节炎疼痛及夏季体质虚弱者食用。

5. 西瓜炒蛋

西瓜瓤500克（黄瓤最佳）、鸡蛋5枚、素油100毫升。将鸡蛋打入碗内，西瓜瓤切成丁，用干净纱布包裹西瓜瓤丁，略挤去部分水分，然后放进盛有鸡蛋的碗内，加入精盐并调匀备用；炒锅放火上，倒入素油并烧热，放入调好的鸡蛋瓜丁糊，炒熟即成。此菜具有滋阴润燥、清咽开音、养胃生津的功效。适宜于阴虚内燥、肺虚久咳、咽痛失音、热病烦躁、胃燥口干、小便短赤及高血压、糖尿病患者食用。阴虚燥热体质者，宜常食之，为滋润清燥保健之佳肴。

注意事项：西瓜性寒质滑，凡中寒湿盛、脾虚泄泻者忌食。

《饮膳正要》："主消渴，治心烦，解酒毒。"《日用本草》："消暑热，解烦渴，宽中下气，利小水，治血痢。"《丹溪心法》："治口疮甚者，用西瓜浆水，徐徐饮之。"《食物本草》："疗喉痹。"《本草纲目》："皮气味甘，凉，无毒，主治口、舌、唇内生疮。"

参考文献

［1］张振贤．蔬菜栽培学［M］．北京：中国农业大学出版社，2003.

［2］山东农业大学．蔬菜栽培学总论［M］．北京：中国农业出版社，2000.

［3］山东农业大学．蔬菜栽培学各论（北方本）［M］.3版．北京：中国农业出版社，1999.

［4］吕家龙．蔬菜栽培学各论（南方本）［M］.3版．北京：中国农业出版社，2011.

［5］张福墁．设施园艺学［M］．北京：中国农业大学出版社，2001.

［6］中国农业科学院蔬菜花卉研究所．中国蔬菜栽培学［M］．北京：中国农业出版社，2003.

［7］中国农业百科全书总编辑委员会蔬菜卷编辑委员会．中国农业百科全书：蔬菜卷［M］．北京：农业出版社，1990.

［8］马凯，侯喜林．园艺通论［M］.2版．北京：高等教育出版社，2006.

［9］朱立新，李光晨．园艺通论［M］.4版．北京：中国农业大学出版社，2015.

［10］程智慧．园艺概论［M］．北京：科学出版社出版，2019.

［11］梁春莉．园艺概论［M］．北京：机械工业出版社，2018.

［12］张振贤．蔬菜施肥原理与技术［M］．北京：中国农业出版社，1996.

［13］吴志行．根菜类蔬菜栽培技术［M］．上海：上海科学技术出版社，2001.

［14］汪隆植．萝卜优质高效四季栽培［M］．北京：科技文献出版社，2003.

［15］宋元林．萝卜、胡萝卜、牛蒡［M］．北京：科学技术文献出版社，1998.

［16］卢育华．蔬菜栽培学各论（北方本）［M］．北京：中国农业出版社，2000.

CHAPTER

4

第四章

观赏园艺植物及其对人生理和心理的影响

时代的进步推动着经济的发展，同样也加快了城市化的进程，众所周知，环境恶化导致各类疾病多发，对人们的身体健康和生命安全造成严重威胁。可以说，城市居民在享受着城市生活便捷的同时，还要面对拥挤、嘈杂的城市环境以及巨大的生活压力。为了更好地改善上述问题，就需要对环境保护工作给予高度重视，而观赏园艺植物既可以为人们营造良好的生活和居住环境，又可以有效改善环境，提高人们的生活质量。

观赏园艺植物是指具有一定观赏价值，适用于室内外美化、改善环境并丰富人们生活的植物。它包括木本类和草本类的观花、观叶、观果、观树姿等植物以及适合于城市公园绿地、风景名胜区、森林公园和室内装饰用的植物。

第一节　观赏园艺植物的分类

我国在观赏园艺植物的分类方面有悠久的历史，如宋代陈景沂《全芳备祖》（约 1256 年）将观赏植物按实际用途与生长特性分为花部、果部、卉部、草部、木部等，清代陈昊子《花镜》（1688 年）中将其分为花木、藤蔓、花草三类。

观赏园艺植物资源、种类繁多，不论从研究和认识的角度，还是从生产和消费的角度，都需要对它进行归纳分类，分类方法多样，在此将其归纳为两种：一种为自然分类系统；另一种为人为分类系统。

一、自然分类系统

自然分类系统是依植物学自然系统分类，可将植物按分类等级划分为界、门、纲、目、科、属、种，其中种为分类的基本单位。这种分类方法客观反映了植物界的演化进程和亲缘关系，并使用世界上公认的拉丁文统一命名，用植物学专业术语描述其性状和特点。这种分类法比较完善，每一种园艺植物的分类学地位相对固定。这种分类的目的在于确立“种”的概念和命名，“种”具有相对稳定的特征，但它又不是绝对固定、永远一成不变的。种与种之间有明显的界线，除了形态特征外，还存在着生殖隔离现象，即异种之间不能交配产生后代，即使产生后代也不能具有正常的生殖能力。在长期的进化过程中，不同种之间发生着相互渗透，因而在一定范围内产生着变化。在同种内会发现具有相当差异的集团，分类学家按照这些差异的大小，又在种以下分出亚种、变种、变型。变种是种内的变异类型，与原种相比在形态构造上有了较为显著的变化特点，但是没有明显的地带性分布区域。亚种同样也是种内变异类型，除在形态构造上与原种相比有显著特征外，在地理上也有一定地带性分布区域。变型是在形态特征上变异比较小的类型。如花色不同、花的重瓣或单瓣、毛的有无、叶面上有无色斑等。如桃树的植物学分类地位见表4－1。

表4－1　　桃树的植物学分类地位

自然分类系统	桃树分类地位
界	植物界
门	种子植物门
亚门	被子植物亚门
纲	双子叶植物纲
亚纲	离瓣花亚纲
目	蔷薇目
亚目	蔷薇亚目
科	蔷薇科
亚科	李亚科
属	李属
亚属	桃亚属
种	桃
变种	油桃、蟠桃、寿星桃、碧桃

二、 人为分类系统

人为分类系统是人们根据实际需要，经过长期摸索、积累逐渐完善起来的。根据植物的个别或部分特征、习性、用途等进行分类，大体可依生态习性、观赏特征、园林用途、对环境要求、原产地等分类。掌握植物的分类学方法，对正确识别植物、正确应用植物具有重要意义。

（一）依生态习性分类

观赏园艺植物的生态习性是植物与环境长期相互作用下所形成的固有适应属性，依照生态习性进行分类，可将其分为九类，分别是一二年生花卉，宿根花卉，球根花卉，木本植物，兰科花卉，仙人掌及多肉、多浆植物，水生花卉，草坪与地被植物和蕨类植物。其中球根花卉又可分为球茎类、鳞茎类、块茎类、根茎类和块根类，木本植物也可分为常绿类和落叶类。

1. 一二年生花卉

一年生花卉是指在一个生长季完成生活史的草本花卉，多在春天播种，夏季和秋季开花结实，然后枯死，又称春播花卉。常见的有翠菊、鸡冠花、凤仙花、万寿菊、一串红、半支莲等（图4－1）。

（1）翠菊　（2）鸡冠花　（3）凤仙花

（4）万寿菊　（5）一串红　（6）半支莲（太阳花）

图4－1　一年生花卉实例

二年生花卉指的是在两个生长季完成生活史的草本花卉，多在秋天播种，春季开花结实，然后枯死，又称秋播花卉。如石竹、紫罗兰、三色堇、矢车菊、瓜叶菊、羽衣甘蓝等（图4－2）。

（1）石竹　（2）紫罗兰　（3）三色堇　（4）矢车菊

(5) 瓜叶菊

(6) 羽衣甘蓝

图4－2　二年生花卉实例

2. 宿根花卉

宿根花卉是指个体寿命超过两年，可连续生长，多次开花、结实，且地下根系或地下茎形态正常、不发生变态的一类多年生草本花卉。此外，依花卉叶性的不同，宿根花卉又可分为常绿宿根类和落叶宿根类。常见的非洲菊、百子莲、景天三七、鹤望兰都属于常绿宿根类（图4－3），属于落叶宿根类的有芍药、银莲花、落新妇、金娃娃萱草等（图4－4）。

(1)非洲菊

(2) 百子莲

(3) 景天三七

(4) 鹤望兰

图4－3　常绿宿根类花卉实例

图 4 – 4　落叶宿根类花卉实例

3. 球根花卉

球根花卉是指植株地下部分变态膨胀，有的在地下形成球状物或块状物，大量储藏养分的多年生草本花卉。根据球根的来源和形态可分为球茎类、鳞茎类、块茎类、根茎类、块根类（图 4 – 5）。

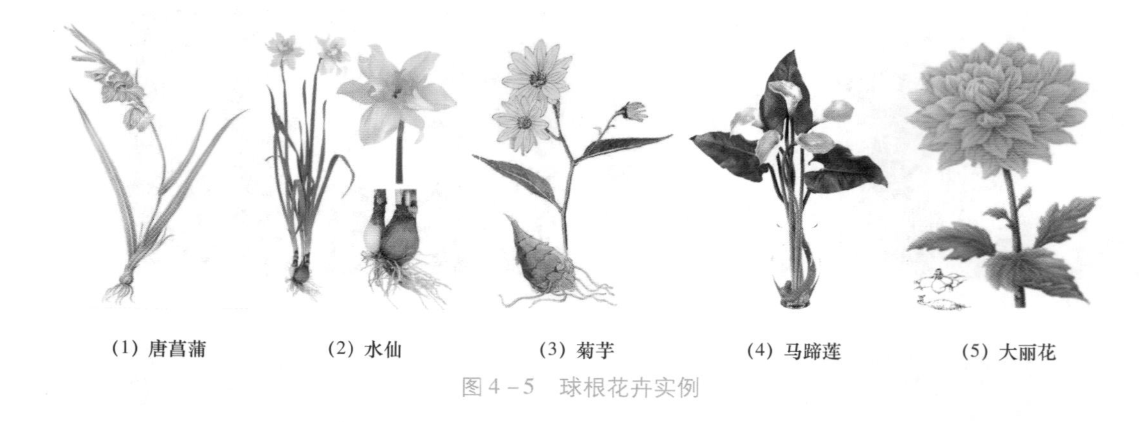

图 4 – 5　球根花卉实例

（1）球茎类球根花卉　如唐菖蒲，地下肥大的营养贮藏器官是地下茎的变态，肥大成球状，上茎节明显，有发达的顶芽和侧芽。另外还有小苍兰、番红花、秋水仙、观音兰等。

（2）鳞茎类球根花卉　如水仙，它的鳞茎为茎变态而成，呈圆盘状的鳞茎盘。上面着生多数肉质膨大的鳞叶，整体球状，根据外侧有无膜质鳞片包被分为有膜鳞茎和无膜鳞茎。水仙属于有膜鳞茎类，百合属于无膜鳞茎类。

（3）块茎类球根花卉　如菊芋，俗称洋姜，块茎由地下根状茎顶端膨大而成，上节不明显，且不能直接生根。另外，块茎类球根花卉的还有仙客来、花叶芋、球根海棠等。

（4）根茎类球根花卉　如马蹄莲，根茎是横卧地下，节间伸长，外形似根的变态茎。形态上与根有明显的区别，其上有明显的节、节间、芽和叶痕。常见的根茎类球根花卉还有荷花、美人蕉、铃兰、六出花等。

（5）块根类球茎花卉　如大丽花，块根由不定根或侧根膨大成块状，只有根冠处生芽，不能形成不定芽。常见的块根类球茎花卉还有花毛茛、银莲花等。

4. 木本植物

木本植物是具有木质茎的植物，其木质部发达。根据生态习性的不同，木本植物分为常绿类木本植物和落叶类木本植物。常见的常绿类木本植物有杜鹃、六月雪、山茶，此外还有桂花、八仙花、含笑、米兰、栀子、杨梅、九里香等（图4－6）。而常见的落叶类木本植物有黄刺玫、连翘、紫丁香、榆叶梅、紫荆、石榴、梅、木香、樱花、木槿等（图4－7）。

(1) 杜鹃　(2) 六月雪　(3) 含笑

图4－6　常绿类木本植物实例

(1) 黄刺玫　(2) 连翘　(3) 紫丁香

图4－7　落叶类木本植物实例

5. 兰科花卉

兰科植物共有2万余种，因其具有相似的形态特征及生态习性，可采用近似的栽培和繁育方法，特将兰科花卉单独列为一类。兰科花卉为多年生草本，依其生态习性不同，可分为地生兰类（国兰）和附生兰类（热带兰）。地生兰类兰科花卉常见的种类有春兰、蕙兰、寒兰、墨兰等（图4－8）；附生兰类兰科花卉常见的种类有蝴蝶兰、虎头兰、文心兰、卡特兰等（图4－9）。

(1) 春兰

(2) 蕙兰

(3) 寒兰

(4) 墨兰

图 4-8　地生兰类兰科花卉实例

(1) 蝴蝶兰

(2) 虎头兰

(3) 文心兰

(4) 卡特兰

图 4-9　附生兰类兰科花卉实例

6. 仙人掌及多肉、多浆植物

仙人掌及多肉、多浆植物是茎、叶肥厚多汁，具有发达的储水组织，抗干旱、抗高温能力很强的一类植物。这类植物生态特殊，种类繁多，体态清雅奇特，花色艳丽多姿，具有很高的观赏价值。

仙人掌科植物常见的有仙人球、仙人掌、令箭荷花、山影拳、蟹爪兰、仙人指、昙花、金琥等（图4－10）。

多肉、多浆植物常见的有绿玉树（光棍树）、生石花、玉米石、长寿花，此外还有神刀、青锁龙、八宝景天、瓦松、宝石花、垂盆草、芦荟、鲨鱼掌、龙舌兰、虎尾兰等（图4－11）。

（1）仙人球　（2）仙人掌

（3）令箭荷花　（4）山影拳

图4－10　仙人掌科植物实例

（1）绿玉树

（2）生石花

（3）玉米石

（4）长寿花

图 4－11　多肉、多浆植物实例

7. 水生花卉

水生花卉是指在水中和沼泽地生长的花卉，一般耐旱性弱，生长期间要求有大量的水分或饱和的土壤湿度和空气湿度，它们的根、茎和叶内多有通气组织，通过气腔从外界吸收氧气，以供应根系正常生长。水生花卉根据生态习性的不同可分为四类——挺水花卉、浮叶花卉、漂浮花卉和沉水花卉。

（1）挺水花卉　挺水花卉是指根部生长于水下泥土中，茎叶大部分生长在水面上的空气中的花卉，常见的有荷花、千屈菜、石菖蒲、水菖蒲、慈姑、玉蝉花、芦苇、香蒲、水葱、鸭舌草、雨久花、旱伞草等（图 4－12）。

（1）荷花　（2）千屈菜　（3）石菖蒲

（4）水菖蒲　（5）慈姑　（6）玉蝉花

图 4－12　挺水花卉实例

（2）浮叶花卉　浮叶花卉是指根部生长在水下泥土中，仅叶和花等浮在水面上的花卉，常见的有睡莲、王莲、莼菜、芡实、菱、荇蓬草等（图4－13）。

（3）漂浮花卉　漂浮花卉是指植物完全自由地漂浮在水面上的花卉，常见的有水鳖、满江红、浮萍、凤眼莲、荇菜等（图4－14）。

（4）沉水花卉　沉水花卉是指根部生长于水下土壤中，茎叶部分完全生长于水中的花卉，常见的有金鱼藻、茨藻、水蕹菜、苦草等（图4－15）。

（1）睡莲　（2）王莲　（3）莼菜

图4－13　浮叶花卉实例

（1）水鳖　（2）浮萍　（3）凤眼莲

图4－14　漂浮花卉实例

（1）金鱼藻　（2）茨藻　（3）水蕹菜

图4－15　沉水花卉实例

8. 草坪与地被植物

草坪与地被植物是指园林中覆盖地面的低矮禾草类植物，多属于多年生草本植物，并以禾本科和莎草科植物为主。

草坪植物按地区的适应性分类，草坪植物有适宜温暖地区的如结缕草、狗牙根、假俭草、竹节草、细叶结缕草、中华结缕草、地毯草、野牛草等，适宜寒冷地区的如紫羊茅、羊胡子草、狼针草、羊草、冰草、柔毛剪股颖、细弱剪股颖、巨序剪股颖等（图4－16）。

地被植物常见的有鸡眼草、紫苜蓿、百里香、多变小冠花、海石竹、白车轴草、马蹄莲、矮虎杖、二月兰、萱草、玉簪、铃兰、葛藤等（图4－17）。

(1) 结缕草　(2) 狗牙根　(3) 假俭草

(4) 竹节草　(5) 紫羊茅　(6) 羊胡子草

图4－16　草坪植物实例

(1) 鸡眼草

(2) 紫苜蓿

(3) 百里香

(4) 多变小冠花

(5) 海石竹

(6) 白车轴草

图 4－17　地被植物实例

9. 蕨类植物

蕨类植物种类繁多，分布广泛。全球约有 12000 种蕨类植物，其中以热带和亚热带为分布中心，我国是世界上蕨类植物最丰富的国家之一，目前已知有 2400 余种，其中半数以上为我国特有种，多分布于西南及长江以南地区。常见的有肾蕨、铁线蕨、贯众、鹿角蕨、崖姜、金毛狗蕨、长尾铁线蕨、团羽铁线蕨、观音莲座蕨、卷柏等（图 4－18）。

(1) 肾蕨

(2) 铁线蕨

(3) 贯众

图 4－18　蕨类植物实例

（二）依观赏特性分类

园艺植物个体的色、香、姿、韵及季相变化之美是形成优美景观的要素。这些特征均来自植物的花、果、叶、根等观赏器官，每类观赏器官多具有独特的观赏特征。

1. 观花类

花是植物色彩最为多样和绚丽的表现载体，不同植物种类在不同季节表现出的植物色彩可谓异彩纷呈。人们对花的观赏主要包括花色、花形和花香。

（1）花色　花色是花的最主要的观赏特征，通常讲的花色包括了花瓣、花蕊、花萼的颜色，但平时人们最关注的还是花冠（花瓣与花萼的总称）的颜色。按照花色的特点，观赏园艺植物可分为红色系、黄色系、蓝紫色系、白色系这几类。

①红色系：常见的红色系花的植物有扶桑、木棉、山茶、龙牙花、刺桐、朱顶红、合欢、杜鹃、紫薇、牡丹、石榴、美人蕉、四季海棠、一串红、凤仙花、鸡冠花、月季、红花虞美人

等（图4－19）。其中许多植物兼有其他色系花朵。

（1）扶桑 （2）木棉 （3）山茶
（4）龙牙花 （5）刺桐 （6）朱顶红

图4－19 常见的红色系观花植物

②黄色系：常见的黄色系花的植物有迎春、连翘、黄刺玫、金丝桃、石海椒、棣棠、金钟花、月见草、双荚决明、金丝梅、硫华菊、黄婵、万寿菊、黄花槐、金链花、云南黄馨、向日葵、蒲公英、腊梅、金桂、米兰、探春、金鸡菊、黄蔷薇等（图4－20）。

（1）迎春 （2）连翘 （3）黄刺玫

(4) 金丝桃　(5) 石海椒　(6) 硫华菊

图4－20　常见的黄色系观花植物

③蓝紫色系：常见的蓝紫色系花的植物有紫玉兰、蓝雪花、荆条、美女樱、紫藤、紫丁香、风信子、翠菊、桔梗、紫花地丁、木兰、木槿、泡桐、鸢尾、矢车菊、二月兰、马蔺、藿香蓟、龙胆、鼠尾草等（图4－21）。

(1) 紫玉兰　(2) 蓝雪花　(3) 荆条

(4) 美女樱　(5) 紫花地丁　(6) 马蔺

图4－21　常见的蓝紫色系观花植物

④白色系：常见的白色系花的植物有溲疏、银薇、女贞、鸡树条荚蒾、珙桐、暴马丁香、

百合、栀子、白丁香、水仙、茉莉、广玉兰、珍珠梅、绣线菊、络石、玉簪、香雪球、大滨菊、雪滴花、铃兰、玉竹、晚香玉等（图4－22）。

(1) 溲疏　(2) 银薇　(3) 女贞
(4) 鸡树条荚蒾　(5) 珙桐　(6) 暴马丁香

图4－22　常见的白色系观光植物

（2）花冠类型　花的形态多样，花冠是花瓣的总称，植物花冠的形态变异很大，形成各种花冠类型，是分类的重要依据。按花瓣的离合程度，花冠可分为离瓣花冠与合瓣花冠两类：离瓣花冠是花冠基部完全分离，常见的有十字形花冠和蔷薇形花冠；合瓣花冠是花瓣全部或基部合生的花冠，常见的有蝶形花冠、漏斗形花冠、唇形花冠、钟形花冠、舌状花冠、坛状花冠及管状花冠（图4－23、图4－24）。

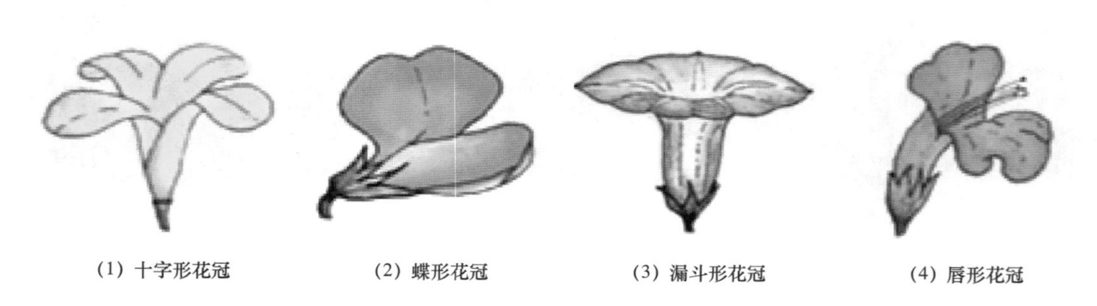
(1) 十字形花冠　(2) 蝶形花冠　(3) 漏斗形花冠　(4) 唇形花冠

(5) 钟形花冠　(6) 舌状花冠　(7) 坛状花冠　(8) 管状花冠

图4－23　不同花冠类型示意图

(1) 二月兰　(2) 菘蓝　(3) 杏花

(4) 桃花　(5) 金雀花　(6) 鸡血藤

(7) 茑萝　(8) 牵牛花　(9) 鸭嘴花

(10) 夏堇 (11) 桔梗 (12) 沙参

(13) 蒲公英 (14) 苦荬菜 (15) 蓝莓

(16) 宫灯百合 (17) 马兜铃 (18) 向日葵

图4－24 不同花冠类型植物实例

①十字形花冠：是由4个分离的花瓣排成辐射对称的十字形，具有这类典型花冠类型的有二月兰、菘蓝、桂竹香等。

②蔷薇形花冠：是由5个分离的花瓣排成辐射状，如杏花、桃花、梨花、海棠等。

③蝶形花冠：是由1枚旗瓣、2枚翼瓣和2枚龙骨瓣共5枚花瓣组成的花冠，常见的有金雀花、鸡血藤、黄芪、甘草、苦参等。

④漏斗形花冠：花冠下部合生成筒状，向上渐渐扩大成漏斗状，常见于旋花科植物如茑萝、牵牛花、打碗花等。

⑤唇形花冠：合瓣花冠的一种，花冠呈对称的二唇形。即上面由二裂片合生为上唇，下面三裂片多少结合构成下唇。如鸭嘴花、夏堇、黄芩、丹参、益母草、一串红等。

⑥钟形花冠：花冠合生成宽而稍短的筒状，上部裂片扩大成钟状。常见于桔梗、沙参、龙胆、风铃草等。

⑦舌状花冠，花冠基部合生成一短筒，上部合生向一侧展开如扁平舌状，常见于菊科植物如蒲公英、苦荬菜的头状花序的全部小花等。

⑧坛状花冠：花冠筒膨大为卵形或球形，上部收缩成短颈，花冠裂片微外曲，常见于蓝莓、宫灯百合、君迁子等。

⑨管状花冠，花冠大部分合生成一管状或圆筒状。常见于马兜铃、向日葵等头状花序上的盘花。

2. 观叶类

叶子是植物进行光合作用的主要器官，同时也是呈现植物色彩的最主要载体，大多数植物叶片的颜色为绿色，但是植物种类不同叶色也会呈现绿色深浅、明暗的不同，且受到地理位置、植物年龄等因素的影响，植物叶子的颜色还会出现季节性变化。观叶类的园艺植物通常具有独特的叶色、叶形。

（1）叶色　叶的颜色有很大的观赏价值，随着季节更替、植物生长发育，叶色变化十分丰富，根据叶色的特点，可分为绿色叶、春色叶、秋色叶和常年异色叶。

①绿色叶：属于叶子的基本颜色，其深浅受种类、环境及本身营养状况的影响而会发生变化，有嫩绿、浅绿、鲜绿、浓绿、黄绿、褐绿、墨绿、暗绿等。如呈浓绿色叶的有油松、圆柏、山茶、女贞、桂花、国槐、榕树等，呈浅绿色叶的有金钱松、水杉、落叶松、玉兰等（图4－25）。

（1）油松

（2）圆柏

（3）金钱松

图4－25　绿色叶植物实例

②春色叶：春季新发的嫩叶呈现显著不同于绿色的植物统称为春色叶植物，常见春色叶为红色的植物有臭椿、山麻杆、黄连木、五角枫、垂丝海棠、七叶树、乌蔹莓、金花茶、卫矛、复叶栾树、女贞、桂花、椤木石楠、山杨、樱花等。紫红色的有梅花等（图4－26）。

(1) 臭椿　(2) 山麻杆　(3) 黄连木

图 4－26　春色叶植物实例

③秋色叶：凡在秋季叶色有显著变化的，如变成红、黄等而形成艳丽的季相景观的植物统称为秋色叶植物。秋叶呈红色或紫红色的有鸡爪槭、枫香、小檗、盐肤木、南天竹、黄栌、乌桕、山茶等；秋叶呈黄色或红褐色的有银杏、无患子、水杉、金钱松、麻栎、栾树、悬铃木等（图 4－27）。

(1) 鸡爪槭　(2) 小檗　(3) 银杏

图 4－27　秋色叶植物实例

④常年异色叶：常年异色叶植物来源于人们有目的的选择育种，常年呈现异于绿色的叶色，如金黄、红、紫等颜色。常年叶色呈红色或紫红色的植物有红羽毛枫、紫叶小檗、红花檵木、紫叶李、西野鸡爪槭、紫叶鸡爪槭、紫叶矮樱等；黄色或金黄色的有金叶女贞、金叶鸡爪槭、金叶黄杨、金山绣线菊、金叶桧、金叶榕、金叶假连翘、金叶雪松等；常年叶色均具斑驳彩纹的有洒金珊瑚、变叶木、红龙蓼、百合竹、五彩千年木、波斯红草、亮丝草类、合果芋类等（图 4－28）。

(1) 红羽毛枫　(2) 紫叶小檗　(3) 红花檵木

(4) 金叶女贞　(5) 洒金珊瑚　(6) 变叶木

图 4－28　常年异色叶植物实例

(2) 叶形　叶是绿色植物进行光合作用和蒸腾作用的主要器官，这两种作用在植物生活中有着重要的意义。叶的基本类型可以分为单叶和复叶两类。一个叶柄上生有一个叶片的叶称为单叶，典型的单叶具有叶片、叶柄和托叶三部分，这样的叶称为完全叶。若缺少其中任何一部分，则为不完全叶。一个总叶柄上生有多个小叶片的叶称为复叶。

叶的形态多种多样，叶的大小因植物种类而异，一般而言，原产于热带湿润气候的植物叶片较大，如芭蕉、棕榈、椰子等；而原产寒冷干燥地区的植物，叶片多较小，如槐、柳、松等。

叶形，即叶片的形状，常见的叶形有以下几种。

①针形：叶细长，顶端尖而如针，常见的有油松、马尾松、白皮松、雪松、冷杉等。

②披针形：叶长为宽的 5 倍以上，中部或中部以下最宽，两端渐狭。常见的有山桃、旱柳等。

③倒披针形：窄形叶，叶端较宽，至叶基渐狭。常见的有柴胡、金丝楠等。

④条形：也可称为线形，叶片狭长，全部的宽度约略相等，两侧叶缘近平行。常见的有云杉、矮紫杉、冷杉等。

⑤剑形：坚硬而宽大的条形叶，叶长为宽的 5 倍以上。常见的有菖蒲、凤尾兰等。

⑥圆形：叶的最宽处位于中部，叶长宽比近 1～1.5 倍。常见的有荷花、睡莲、马蹄菜、圆叶榕、斑叶堇菜等。

⑦矩圆形：叶的最宽处位于中部，长约是宽的 3～4 倍，常见的有橙子、橡胶等。

⑧椭圆形：叶长约是宽的1.5～2倍，中部最宽，尖端和基部近圆形。常见的有柿树、广玉兰、樟树等。

⑨卵形：叶形似卵，叶端为小圆，叶基呈大圆，叶身最宽处在中央以下，且向叶端渐细。如金银木、玉兰、向日葵、苎麻等。

⑩倒卵形：叶端为大圆，叶基呈小圆的倒卵状，叶长是宽的1.5～2倍。如白芍、马齿苋等。

⑪匙形：叶片于中上部向下渐狭长而下延，顶端钝、圆。如鼠鞠草、车前叶等。

⑫扇形：形如展开的折扇，顶端宽而圆，向基部渐狭。如银杏。

⑬心形：与卵形相似，但叶片下部更为广阔，基部凹入成尖形。如紫荆。

⑭倒心形：通常叶尖具较深的尖形凹缺，而叶两侧稍内缩。如酢浆草。

⑮肾形：叶片基部凹入成钝形，先端钝圆，横向较宽。如积雪草、冬葵等。

⑯提琴形：叶身中央紧缩变窄细。如猩猩草、圣诞红等。

⑰盾形：由叶片深凹呈漏斗状，叶柄从叶片中央部位垂直方向连接，好像盾和把柄一样。如刺盾叶秋海棠。

⑱菱形：叶片成等边斜方形。如菱、乌桕等。

⑲鳞形：叶形似鳞片，如圆柏、桧柏等（图4－29）。此外，还有一些叶形比较奇特的如鹅掌楸、羊蹄甲等。

复叶同样具有多种形态，如刺槐、合欢的羽状复叶，七叶树、铁线莲的掌状复叶，柑橘的单身复叶等。这些变化万千的叶形是近赏植物时重要的观赏特征，在园林景观设计中不容忽视。

3. 观果类

（1）果色　植物果实的颜色在不同的季节会表现出不同的色彩，能够增加景观的观赏性。植物果实的成熟遵循自然规律，在秋季的色彩表现更为丰富。果实以红色、黄色、黑色、白色居多。

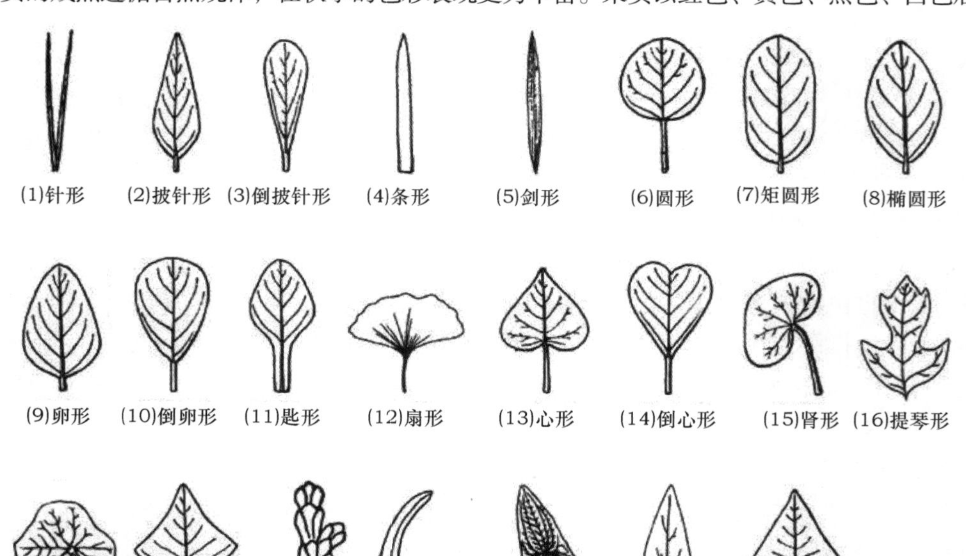

图4－29　常见的单叶叶形及部分其他单叶叶形

①红色果实植物：常见的有丝棉木、金银木、多花栒子、珊瑚树、南天竹、欧洲冬青、山茶、火棘、海棠果、红豆树、枸杞、接骨木和荚蒾类、忍冬类、花楸类、小檗属植物等(图4－30)。

(1) 丝棉木　(2) 金银木

(3) 多花栒子　(4) 珊瑚树

图4－30　红色果实植物实例

②黄色果实植物：常见的有贴梗海棠、木瓜、沙棘、南蛇藤、番木瓜、梅、杏、金橘等(图4－31)。

(1) 贴梗海棠

(2) 木瓜

(3) 沙棘

(4) 南蛇藤

图4－31 黄色果实植物实例

③蓝紫色果实植物：常见的有十大功劳、海州常山、五叶地锦及紫珠属植物等（图4－32）。

(1) 十大功劳

(2) 海州常山

图4－32 蓝紫色果实植物实例

④黑色果实植物：常见的有西洋接骨木、鼠李、金银花、爬山虎、君迁子、五加、大果冬青及女贞属植物等（图4－33）。

(1) 西洋接骨木

(2) 鼠李

图4－33 黑色果实植物实例

⑤白色果实植物：常见的有红瑞木、偃伏梾木、乌桕、雪果等（图4－34）。

（1）红瑞木

（2）偃伏梾木

图4－34　白色果实植物实例

（2）果形　除果色以外，果实还以奇异的形状来吸引人们的视线。如铜钱树的果实形状像铜钱、佛手的果实犹如手掌一般、秤锤树的果实近似秤锤、猫尾木的果实形状犹如猫的尾巴、炮弹树的果实酷似炮弹等（图4－35）。

（1）铜钱树

（2）秤锤树

（3）猫尾木

（4）炮弹树

图4－35　奇异果形植物实例

4. 观枝干类

枝干均属于植物茎的一部分，观枝干类的植物通常具有独特风姿或有奇特的色泽、附属物等。如白色枝干植物有老年白桦、银白杨、白皮松、胡桃、法国梧桐、朴树等；红色枝干植物有红瑞木、偃伏梾木、马尾松、赤松、山桃、野蔷薇、山杏、赤桦、糙皮桦等；绿色枝干的植物有竹类、木香、梧桐、棣棠、迎春等；黄色枝干的植物有金枝垂柳、金枝国槐、黄瑞木、金竹等；紫色枝干的植物有紫竹等；斑驳色枝干植物有二球悬铃木、光皮梾木、白皮松、木瓜、斑竹、湘妃竹、油柿、榔榆等（图4－36）。

(1) 白桦　(2) 银白杨　(3) 红瑞木　(4) 偃伏梾木　(5) 木香　(6) 金枝垂柳　(7) 金枝国槐　(8) 二球悬铃木　(9) 光皮梾木

图4－36　不同颜色枝干植物实例

5. 观姿类

观赏园艺植物因其形体不同而姿态各异，因此，具有较高的观赏价值。常见的有以下几种类型的树体（图4－37）。

(1) 杜松　(2) 塔柏　(3) 雪松

(4) 水杉　(5) 云杉　(6) 馒头柳

(7) 千头椿　(8) 棕榈　(9) 蒲葵

(10) 垂枝紫叶桃　(11) 龙爪槐　(12) 悬铃木

(13) 刺槐

(14) 铺地柏

(15) 锦带花

图 4-37 不同树体类型植物实例

(1) 圆柱形树体　圆柱形树体顶端优势仍然明显，主干生长旺，但树冠基部与顶部均不开展，树冠上、下部相差不大，树冠紧抱，冠长远远超过冠茎，整体形态细窄而长。如杜松、塔柏、钻天杨、北美圆柏、紫杉等。圆柱形树体构成以垂直线为主，给人以雄健、庄严与安稳的感觉。

(2) 尖塔形树体　尖塔形树体主要有斜线和垂线构成，但以斜线为主，因此具有由静趋于动的意向，整体造型静中有动，动中有静，轮廓明显，形象生动，有将人的视线或情感从地面导向高处或天空的作用。如雪松、南洋杉、窄冠侧柏、金松、冲天柏等。

(3) 圆锥形树体　圆锥形树体树形优美，大树干枝扭曲，姿态奇古，可以独树成景，是中国传统的园林树种。如水杉、云杉、冷杉、圆柏等。

(4) 圆球形树体　在人的视觉感受上，圆球形无明显的方向性，适合各种场合的应用，可与多种形状取得协调与对比，因而这类树木使用较广泛。如馒头柳、千头椿等。

(5) 棕榈形树体　棕榈形不仅可以创造南国风光的情调，还可以给人一种挺拔、秀丽、活泼的感受，既可孤植观赏，更宜在草坪、林中空地散植、创造疏林草地景色。如棕榈、蒲葵、椰子等。

(6) 垂枝形树体　垂枝形树体的外形多种多样，基本特征为具有悬垂或下弯的细长的枝条，如垂枝紫叶桃、垂枝榆、垂柳、垂枝槐、垂枝梅、龙桑、龙枣、龙游梅等。由于枝条细长下垂，并随风拂动，常形成柔和、飘逸、优雅的观赏特色，能与水体产生很好的协调效果。

(7) 其他树体类型　伞形树体，如龙爪槐；卵形树体如悬铃木、毛白杨、香椿等；倒卵形树体如刺槐、千头柏、旱柳、榉树等；匍匐形树体如铺地柏、沙地柏、平枝旬子等；拱枝形树体如锦带花、迎春、连翘等。

6. 观根类

裸露于空气中从而具备观赏性的植物根系类型大多为定根中的侧根、不定根中的气根（呼吸根、支持根、攀援根）和板根等。如落羽杉、秋茄等植物具有膝根，榕树具有气根等（图 4-38）。

(1) 落羽杉

(2) 秋茄

(3) 榕树

图 4－38 观根植物实例

(三) 依园林用途分类

园艺植物依据园林用途可分为孤植树、庭荫树、行道树、绿篱树、垂直绿化植物、地被植物和抗污染植物。

1. 孤植树

孤植树通常作为中心景物，赏其树形和姿态，也可观其花、果、叶等，如南洋杉、雪松、合欢、龙爪槐等。

2. 庭荫树

庭荫树植于庭园和风景园林中，以绿荫为主要目的的树种，一般是冠大绿树的落叶树，如梧桐、银杏、榉树、槐树、七叶树等。

3. 行道树

行道树植于道路两侧，给行人和车辆遮阳，并构成街景，有落叶的，也有常绿的，但必须具备抗性强、耐修剪、主干直、分枝点高等特点，如悬铃木、银杏、樟树等。

4. 绿篱树

绿篱树也称隔离树，主要作用是分隔空间、屏障视线，或作雕塑、喷泉的背景。要求树种耐修剪、多分枝、生长缓慢、适于密植，多为常绿。绿篱又可分为花篱、果篱和刺篱，还可按高度分为高篱、中篱和矮篱。花篱有栀子花、九里香、玫瑰、木槿、榆叶梅、杜鹃、麻叶绣球、金钟花、茉莉、扶桑等；果篱有南天竹、火棘、枸骨、枸杞等；刺篱有枸骨、柞树、火棘、小檗、阔叶十大功劳、蔷薇等。高篱（1～5米）有侧柏、桧柏、刺柏、女贞、珊瑚树、蚊母、杨梅等；中篱（1米左右）有千头柏、大叶黄杨、小叶女贞、火棘、栀子等；矮篱（1米以下）有龟甲冬青、瓜子黄杨、雀舌黄杨等。

5. 垂直绿化植物

垂直绿化植物是指利用缠绕或攀援来绿化建筑、篱笆、园门、亭廊、棚架等的植物。常用植物有紫藤、葡萄、爬山虎、木香、叶子花、茑萝等。

6. 地被植物

地被植物包括覆盖在裸露地面上的各种草本植物，如葱兰、白花三叶草、马蹄金、结缕草、羊茅类、鸢尾类、石蒜类、玉簪类、红花酢浆草、麦冬类等。

7. 抗污染植物

抗污染植物这类树种对烟尘及有害气体有较强抗性，还能吸收部分有害气体，可起到净化空气的作用，特别适于厂矿或特殊地区绿化要求。如臭椿、榆朴、构树、悬铃木、合欢、广玉兰、珊瑚树、棕榈树、夹竹桃等。

（四）依对环境要求分类

1. 依对温度的适应性分类

（1）耐寒植物　能忍耐0℃以下温度，在北方露地栽培可以安全越冬的花卉属于耐寒植物。如多数宿根花卉、落叶木本花卉、秋植球根花卉等。

（2）不耐寒植物　在生长期间要求较高温度，不能忍受0℃以下温度，部分不能忍受5℃左右温度，低温下便停止生长或死亡的花卉属于不耐寒植物。此类花卉在温带寒冷地区主要是温室栽培。如一年生花卉、春植球根花卉等。

（3）半耐寒植物　耐寒力介于上述两种花卉之间，生长期间能短时间忍受0℃左右温度的花卉属于半耐寒植物。如大部分二年生花卉、部分常绿木本花卉等。

2. 依对光照的适应性分类

（1）喜阳性植物　喜阳性植物必须在完全的光照下生长，不能忍受隐蔽，否则生长不良。如多数露地一二年生花卉、宿根花卉、仙人掌及多浆类花卉。

（2）喜阴性植物　喜阴性植物要求在适度隐蔽下方能生长良好，不能忍受直射光线，要求有50%～80%庇荫度的环境条件。如蕨类植物、兰科花卉、凤梨科花卉、室内观叶花卉等。

（3）中性植物　中性植物在充足的阳光下生长最好，但也有不同程度的耐阴能力。如草本花卉萱草、桔梗，木本花卉杜鹃、茉莉、扶桑、山茶等。

（五）依对水分的适应性分类

（1）旱生植物　旱生植物耐旱性强，能长期忍受土壤干燥和空气干燥，如多肉、多浆植物。

（2）中生植物　中生植物是在湿度条件适中的土壤上才能正常生长的花卉，大部分花卉均属此类。

（3）湿生植物　温生植物耐旱性弱，生长期要求经常有大量水分存在，如蕨类植物等。

（4）水生植物　水生植物的植株全部或根部生长在水中，如荷花、王莲、睡莲、香蒲等。

（六）依对土壤酸碱度的适应性分类

（1）酸性土植物　酸性土植物是在酸性或强酸性土壤上才能正常生长的花卉，如杜鹃、山茶、吊钟花、栀子花等。

（2）碱性土植物　碱性土植物是在碱性土壤上才能生长良好的花卉，如南天竹等。

（3）中性土植物　中性土植物是在中性土壤上生长最佳的花卉，大多数花卉均属此类。

（七）按照原产地分类

按原产地可分为中国气候型（又称大陆东岸气候型）、欧洲气候型（又称大陆西岸气候型）、地中海气候型、墨西哥气候型（又称热带高原气候型）、热带气候型、沙漠气候型和寒带气候型。在每个区域内，由于其特有的气候条件又形成了不同类型的观赏植物自然分布中心。

1. 中国气候型

中国气候型的特点是冬季寒冷、夏季炎热、夏季雨水较多。根据冬季气温的高低，又分为温暖型和冷凉型。

（1）温暖型 又称冬暖亚型，低纬度地区，包括中国长江以南、日本西南部、北美洲东南部、巴西南部、大洋洲南部及非洲东南角附近等地区。本区形成的是部分喜温的一年生花卉、球根花卉及不耐寒宿根、木本花卉的自然分布中心。如中华石竹、凤仙、一串红、半枝莲、福禄考、天人菊、麦秆菊、百合、中国水仙、石蒜、马蹄莲、唐菖蒲、松叶菊、南天竹、报春花、矮牵牛、春兰、萱草、非洲菊、堆心菊、山茶、杜鹃、紫薇、三角花、南洋杉等（图4－39）。

（1）中华石竹　（2）凤仙

（3）福禄考　（4）天人菊

（5）麦秆菊　（6）中国水仙

（7）石蒜　（8）马蹄莲

(9) 松叶菊

(10) 南天竹

图 4－39　中国气候型温暖型植物实例

(2) 冷凉型　又称冬凉亚型。高纬度地区，包括中国华北及东北南部、日本东北部、北美洲东北部等地区，是较耐寒宿根、木本花卉的自然分布中心。如随意草、金光菊、蛇鞭菊、贴梗海棠、栾树、北美鹅掌楸、菊花、芍药、翠菊、紫菀、铁线莲、鸢尾、牡丹、丁香、腊梅、广玉兰、巨杉、刺槐、一球悬铃木、北美红杉等（图 4－40）。

(1) 随意草

(2) 金光菊

(3) 蛇鞭菊

图 4－40　中国气候型冷凉型植物实例

2. 欧洲气候型

欧洲气候型的特点是冬暖夏凉、四季有雨，属常年冷湿型气候。属于此气候型的地区有欧洲大部、北美洲西海岸中部、南美洲西南部以及新西兰南部。本区是较耐寒一二年生花卉及部分宿根花卉的自然分布中心。代表种类有雏菊、毛地黄、宿根亚麻、铃兰、三色堇、勿忘我、羽衣甘蓝、霞草、矢车菊、紫罗兰、香葵、耧斗菜等（图 4－41）。

3. 地中海气候型

地中海气候型的特点是冬季不冷，夏季不热且少雨，为干燥期。属于这一气候的地区有地中海沿岸、南非好望角附近、大洋洲东南和西南部、南美洲智利中部、北美洲加利福尼亚等地。该区由于夏季干燥，因此形成了夏季休眠的秋植球根花卉的自然分布中心。此气候型的代表植物有银莲花、雪滴花、地中海蓝钟花、水仙、郁金香、风信子、花毛茛、番红花、小苍兰、唐菖蒲、网球花、葡萄风信子、球根鸢尾等（图 4－42）。

(1) 雏菊　(2) 毛地黄

(3) 宿根亚麻　(4) 铃兰

图 4-41　欧洲气候型植物实例

(1) 银莲花　(2) 雪滴花　(3) 地中海蓝钟花

图 4-42　地中海气候型植物实例

4. 墨西哥气候型

墨西哥气候型的气候特点是四季如春、温差较小、四季有雨。属于这一气候的地区包括墨西哥高原、南美洲安第斯山脉、非洲中部高山地区及中国云南等地。本地区是不耐寒、喜凉爽的一年生花卉、春植球根花卉及温室花木类的自然分布中心。此气候类型的代表植物有百日草、旱金莲、藿香蓟、虎皮花、鸡蛋花、云南山茶、波斯菊、万寿菊、大丽花、晚香玉、球根秋海棠、一品红、月季花、香水月季等（图 4-43）。

(1) 百日草　(2) 旱金莲

(3) 藿香蓟　(4) 虎皮花

(5) 鸡蛋花　(6) 云南山茶

图 4-43　墨西哥气候型植物实例

5. 热带气候型

热带气候型的特点是周年高温、温差较小、雨量丰富但不均匀。属于该气候型的地区有亚洲、非洲、大洋洲、中美洲及南美洲的热带地区。该区是一年生花卉、温室宿根、春植球根及温室木本花卉的自然分布中心。此气候类型的代表植物有彩叶草、紫茉莉、长春花、蟆叶秋海棠、大岩桐、变叶木、安祖花、鸡冠花、凤仙花、牵牛花、虎尾兰、气生兰、美人蕉、朱顶红、红桑、五叶地锦、番石榴、番荔枝等（图 4-44）。

(1) 彩叶草　(2) 紫茉莉

(3) 长春花　(4) 蟆叶秋海棠

图4－44　热带气候型植物实例

6. 沙漠气候型

沙漠气候型的特点是气候干燥、多年少雨。属于该气候型的地区有阿拉伯沙漠及非洲、大洋洲和美洲等的沙漠地区。该区是仙人掌和多浆植物的自然分布中心。常见的观赏植物有十二卷、伽蓝菜、仙人掌、龙舌兰、芦荟等（图4－45）。

(1) 十二卷　(2) 伽蓝菜

图4－45　沙漠气候型植物实例

7. 寒带气候型

寒带气候型的特点是冬季长而冷、夏季短而凉，植物的生长期短。属于这一气候型的地区包括寒带地区和高山地区，因此形成耐寒性植物及高山植物的分布中心。常见的观赏植物有绿绒蒿、点地梅、龙胆、雪莲、细叶百合等（图4－46）。

（1）绿绒蒿　（2）点地梅　（3）龙胆　（4）雪莲

图 4-46　寒带型气候植物实例

第二节　观赏园艺植物的功能

观赏园艺植物不仅可为市民提供游憩空间和休闲场所、美化环境、创造景观等，更重要的是可起到改善城市环境、维持生态平衡的作用。从城市生态学角度看，一定量的绿色植物既能维持和改善城市区域范围内的大气碳循环和氧平衡，又能调节城市的温度、湿度及净化空气、水体和土壤，还能促进城市通风、减少风害、降低噪声等。

一、净化空气

在城市环境中由于人类的各种生产和生活活动，造成严重的空气污染，空气质量的好坏直接影响着人们的身体健康，观赏园艺植物中有很多“空气净化师”在努力为人们排除毒素，在改善空气质量方面发挥重要作用。观赏园艺植物是城市生态环境的重要组成部分，对于一定浓度范围内的大气污染物，不仅具有一定程度的抵抗力，而且还具有相当程度的吸收能力。所有的观赏园艺植物都能通过光合作用吸收二氧化碳、释放氧气，从而降低空气中二氧化碳的浓度，起到净化空气的作用。

除此之外，观赏园艺植物还可以吸收许多有害气体，植物通过其叶片上的气孔和枝条上的皮孔，将大气污染物吸入体内，在体内通过氧化还原过程进行中和而生成无毒物质（即降解作用），或通过根系排出体外，或积累贮藏于某一器官内。植物对大气污染物的这种吸收、降解和积累、排出过程，实际上起到了对大气污染的净化作用。如洋槐、垂柳、月季、石竹、美人蕉、夹竹桃、紫薇、天竺葵等都对二氧化硫有很强的吸收作用。二氧化硫被植物吸收后，可形成亚硫酸盐，然后再氧化成硫酸盐，变成对植物生长有用的营养物质。所以，只要大气中二氧化硫的浓度不超过一定限度，并且有充分的时间使亚硫酸盐转化为硫酸盐，那么植物叶片就能不断吸收大气中的二氧化硫。随着叶片的衰老凋落，其所吸收的硫元素也一同落到地上，为土壤所吸收，因而在植物叶枯叶荣的周期变化中就可以不断地将空气中的硫转移到土壤中，这样就在大气与地面中形成了循环，使空气不断得到净化。一般认为，落叶树吸收硫的能力最强，常绿阔叶树次之，针叶树较差。

有些观赏园艺植物能分泌挥发性有机杀菌素，可杀死细菌、真菌孢子和原生动物，对改善城市环境卫生具有良好作用，如石竹、茉莉等。还有一些栽培植物，如仙人掌，能防止辐射，对强光有很强的吸收作用。强光中有可见光和不可见光，而电脑和手机的电磁辐射是不可见光，很容易被吸收。另外植物产生出的负离子可中和正离子的有害作用。常见的能吸收污染物质的环保植物有以下几种。

（1）常春藤　能有效抵制香烟中的致癌物质，并能通过叶片上的微小气孔吸收甲醛等有害物质，将其转化为无害的糖分和氨基酸。

（2）吊兰　可放置在浴室、窗台或者搁架上，其细长、优美的枝叶可以有效地吸收空气中的一氧化碳和甲醛。

（3）绿萝　在厨房或者洗手间的门角摆放或者悬挂一盆绿萝类的藤蔓植物，可以有效吸收空气里家用清洁洗涤剂和油烟的气味，化解装修后残留的气味。

（4）波士顿蕨　在涂有油漆、涂料的室内，波士顿蕨每小时能吸收大约 20 微克的甲醛，被认为是最有效的生物“净化器”。

（5）鸟巢蕨　是极容易维护管理的着生型大型蕨类植物，叶片光亮且终年长青，可净化空气中的甲醛，并且当室内的二氧化碳在 50～800 毫克/升时，有净光合作用，降低二氧化碳的浓度。

（6）白掌　是吸收人体呼出的废气如氨气和丙酮的“专家”，同时它还可以过滤空气中的苯、三氯乙烯和甲醛。它的高蒸发速度可以防止鼻黏膜干燥，使患病的风险大大降低。

（7）合果芋　可提高空气湿度，并吸收大量的甲醛和氨气，叶子越多，它过滤、净化空气和保湿功能就越强。

（8）火鹤花　火鹤花的叶片浓绿且亮丽，观赏期长而深受喜爱，是切花及盆花的大宗作物，其蒸腾作用强，可有效净化甲醛、氨、二甲苯、甲苯等挥发性有机污染物。

（9）粉黛叶　能耐室内低光，其吸收甲醛、二甲苯、甲苯的能力极强，蒸腾作用速率也高。

（10）散尾葵　一盆散尾葵每天可以蒸发 1 升水，是最好的天然“增湿器”，此外，其绿色的棕榈叶对二甲苯和甲醛有十分有效的吸收作用。

（11）鹅掌柴　其漂亮的鹅掌形叶片可以从烟雾弥漫的空气中吸收尼古丁和其他有害物质，并通过光合作用将之转换为无害的植物自有的物质。

（12）袖珍椰子　是高效的空气净化器，由于它能同时净化空气中的氨、甲苯、三氯乙烯和甲醛，在室内二氧化碳浓度在 50～1200 毫克/升范围内时，有净光合作用，可降低二氧化碳的浓度。

(13) 孔雀竹芋　它的蒸散作用速率高，滞尘能力强，可净化空气中的甲醛和氨，在室内二氧化碳浓度在100~800毫克/升范围内时，有净光合作用，可减少二氧化碳。

二、降温增湿

城市中由于大量的铺装和建筑形成了热岛效应，树木浓密的树冠在夏季能吸收和散射、反射掉一部分太阳辐射能，能阻挡阳光80%~90%的热辐射，减少地面增温，此外树木强大的根系不断从土壤中吸收大量水分，经树叶蒸发到空中，通过蒸腾作用消耗城市空气中的大量热能，从而实现降温效应。植物的蒸腾作用不仅是地球生物圈水分循环的重要途径之一，植物的蒸腾作用在降低温度的同时还具有增加空气湿度的效果。

(一) 降温作用

研究表明，白皮松、桧柏、臭椿、毛泡桐、构树等降温效应较强，降温幅度为6.2~7℃；雪松、白蜡、毛白杨、绦柳、栾树、馒头柳、玉兰、核桃、黄栌、元宝枫、刺槐、国槐、榆树等降温幅度为5.3~6℃；碧桃、荆条等降温幅度为6.5℃；丁香、龙爪槐、榆叶梅、珍珠梅、扶芳藤等降温幅度为4.9~5.8℃；油松、银杏、西府海棠、山杏、合欢等降温效应中等，降温幅度为4.6~5.2℃；早园竹、棣棠、金叶女贞、金银木、迎春、紫薇等降温幅度为4~4.7℃；大叶黄杨、铺地柏、锦熟黄杨、丰花月季、锦带花、连翘、紫荆、紫叶小聚、蔷薇等降温效应相对较弱，降温幅度为2.6~3.7℃；紫叶李降温幅度为3.2℃。

(二) 增温作用

荆条具有强的增湿效应，增湿幅度为28.2%；雪松、构树、毛泡桐等增湿效应较强，增湿幅度为20.7%~24.7%；白皮松、油松、银杏、玉兰、白蜡、绦柳等增湿幅度为15.9%~19.9%；碧桃、棣棠、连翘、龙爪槐、榆叶梅、珍珠梅等增湿幅度为14.4%~19.5%；桧柏、毛白杨、山杏、西府海棠、栗树、臭椿、合欢、馒头柳、核桃、黄栌等增湿效应中等，增湿幅度为12.6%~15.4%；锦熟黄杨、丁香、丰花月季、金银木、锦带花、迎春、紫荆、紫薇、紫叶小聚、蔷薇、扶芳藤等增湿效应中等，增湿幅度为10.3%~14.1%；榆树、紫叶李、刺槐、国槐、元宝枫等增湿效应稍弱，增湿幅度为6.2%~10.3%；大叶黄杨、铺地柏、金叶女贞等增湿效应相对较弱，增湿幅度为6.2%~8.8%。

三、降低噪声

随着城市化进程的显著加快，城市交通建设已步入持续、快速发展的阶段，居民出行的交通工具越来越多样，私家车数量明显增加。便捷的交通设施既给人们的出行带来了便利，也带来了严重的噪声污染。城市交通噪声污染已成为各大城市面临的严重环境问题，并且有不断恶化的趋势。一般情况下，80分贝左右的噪声不至于对人们的身体造成严重的危害，而85分贝以上则可能发生危险。统计表明，人们如果长期工作在90分贝以上的噪声环境中，会对人们的身体健康造成严重的影响，尤其是耳聋发病率会明显增加。长期在高水平噪声污染环境下会对人的生理和心理健康造成伤害。2014年世界卫生组织发布报告《噪声污染导致的疾病负担》，首次指出噪声污染不仅让人烦躁、睡眠差，还会引发心脏病、心血管疾病、学习障碍和耳鸣等疾病，长期暴露在这样的环境中，会间接缩短人的寿命，噪声污染已成为继空气污染之后人类公共健康的“二号杀手”。

植物具有显著的减弱噪声的作用，降低噪声较好的植物有雪松、桧柏、水杉、龙柏、悬铃木、梧桐、垂柳、马褂木、柏树、臭椿、樟树、榕树、柳杉、栎树、珊瑚树、桂花、女贞等。

四、抗灾防火

不同植物的耐火能力有很大不同，这是因为不同树种的内部构造、组分和含水率大不相同。耐火植物的体内大多具有较高的含水率，遇热时水分蒸发需要吸收大量热量，因而降低了自身燃烧温度，使其不易被点燃和燃烧，从而让火势强度减弱，产生阻火能力。植物体内的水分含量越高，则引燃需要的时间越长，其耐火能力越强。如油茶、茶树均含有较多的水分，海桐的含水率更是高达200%。树木在燃烧过程中需要较长的预热时间，厚厚的树皮可以阻挡热量的传递，使树木的耐热性能大幅提高，对辐射热的忍受限度增大，树皮就像给树木穿上了一层厚厚的防火衣。如栓皮栎具有十几厘米厚的木栓层，可以成为烧不透的防火层。

耐火树种体内通常含有较少的可燃物成分，如粗脂肪、挥发油、腊质、木素等，这使得它们在燃烧时产生的燃烧热比较小，能显著减缓火势的蔓延。研究证明，植物的防火性能不仅由含水率、粗脂肪含量、燃点、引燃时间等指标决定，同时植物的树形大小、生长势等也与其防火性能的高低密切相关。防火功效较好的植物有珊瑚树、苏铁、银杏、榕树、女贞、木荷、青冈栎、厚皮香、木棉树等。

五、美化环境

观赏园艺植物种类繁多，色彩丰富，形态各异，除了具有极高的观赏价值外，还在人居环境的美化中扮演着重要的角色。

我们生活的城市里高楼鳞次栉比，居住密集，建筑的形态往往有严格的几何规律性，平直而呆板，令人感觉生硬、冷漠。植物与建筑的合理搭配，不仅使建筑主体更为突出，而且还可以减缓或消除建筑因造型、尺度、色彩、质感等原因与周围的环境不和谐，软化界限，使建筑与环境融为一体。同时也丰富了建筑物内外的空间层次，增加了内部空间的开阔感和变化，使室内有限的空间得到延伸和扩大，而建筑与自然之间，得到一种自然的过渡，也使人与自然的交往更密切了。可通过园艺观赏植物来提升环境质量，利用植物的形状、色彩、季节形态来营造丰富的层次感。观赏园艺植物还是装点节日、烘托节日气氛的重要材料。大到城市街道广场上花的海洋，小到居家环境的墙角几案，植物的美化装饰已成为生活中不可或缺的内容（图4－47）。

（1）企鹅

（2）鱼

（3）象　（4）龙
（5）鼎　（6）扇子

图 4－47　园艺观赏植物造景实例

六、文化教育

植物由于自身的特性，还具有一定的文化、教育作用。在漫长的植物利用历史中，植物与人类生活的关系日趋紧密，加之与其他文化相互影响、相互融合，衍生出了与植物相关的文化体系，包括物质层面，即与其食用价值和药用价值等相关联的文化，同时包括精神层面，即通过植物这一载体，反映出的传统价值观念、哲学意识、审美情趣、文化心态等。在我国源远流长的文明发展历程中，植物文化享誉于世。植物文化性在语言、民俗、宗教等领域都有着较为深入的体现。

1. 在语言文化方面

中国大量的诗词歌赋多以植物为命题，借物咏志，如“红豆生南国，春来发几枝。愿君多采撷，此物最相思。”“花褪残红青杏小。燕子飞时，绿水人家绕。”“自从分下月中秋，果若飘来天际香。”“偷来梨蕊三分白，盗得梅花一缕魂。”等，这些瑰丽妖娆的辞赋，体现了华夏语言文化的无穷魅力。以植物为喻体，通过植物成语来展现人们的世界观、价值观和审美观是中华各民族普遍存在的语言现象。汉语中的植物成语在反映社会物质生活的同时，也常常借助花草树木来启迪思想、教化人伦。人们借助植物，通过植物成语衍生出的象征义来树立某种人格精神或者伦常典范，彰显中华民族认同的道德标准与价值取向。中华民族自古崇尚正直、廉洁、坚贞的高尚品德。在与植物朝夕相伴中，人们逐渐将植物的特性与人的品行联系起来，赋予植物美好的品性和情操。苍松翠柏、玉洁松贞、松柏之志、贞松劲柏、梅妻鹤子等成语隐喻中华民族刚正不阿、坚强高洁的民族气节。菊花在古汉语中又被称为“黄花”，在万物凋零的深秋时节，菊花却能不畏严寒而傲立枝头，于是“黄花晚节”便成为人到晚年仍保持高尚节操的代表。成语以植物拟人，强调植物不仅具有秀美或挺拔的外表，更重要的是具有高贵的内质。这些借植物象征人的情操信义的成语，潜移默化地影响着中华民族性格的形成。而其承载的中华民族独特的价值观、思维方式和人生态度，也对我们有着深刻的启迪作用。

2. 在民俗文化方面

植物的许多特性被人格化并被赋予了良好的寄托，或表达对美好生活的向往，或表达自己独特的气质。如松、竹、梅被称为“岁寒三友”，迎春、梅花、山茶、水仙被誉为“雪中四友”，玉兰、海棠、迎春、牡丹以及桂花共植于庭前则有“玉堂春富贵”的美意等。除此之外，还有许多植物都具有各自独特的寓意，如松柏象征长寿，竹寓意高雅、刚正，牡丹代表富贵，菊花寓意隐士，梅花寓意超凡脱俗，杏花代表幸福，含笑比喻深情，月桂表示荣誉，橄榄代表和平，丁香暗喻谦虚，玫瑰代表爱情，紫藤象征欢迎，常春藤寓意友好、信任，木棉树寓意英雄，柳树代表依依惜别，桃李寓意门徒众多，茉莉表示温柔亲切等。

七、保健功能

（一）视觉保健方面

不同植物的色彩能引起人不同的心理变化，也就具有不同的保健作用，将各种颜色的植物合理配置在一起不仅能形成优美的景观，还能对人体各方面起到良好的保健效果，心理通过视觉传递还有更深层的影响。如绿色对好动及身心压抑者有镇静作用，还可缓解视疲劳；蓝色能降低脉搏和血压，稳定呼吸，调节体温，缓解紧张情绪，对易失眠的人有益；红色能刺激神经系统，促进血液循环，使人精神振奋；黄色使人注意力集中，加强逻辑思维能力与记忆力，促进食欲，对肝病患者有益；紫色可以刺激组织生长，消除偏头痛等疾病，使淋巴系统趋于正常。

（二）听觉保健方面

植物不仅具有降噪功能，其自身被风雨吹打发出的声音也是一种美妙的音乐。不同的植物叶片大小、质感不同，声音也不同。竹子是园林景观中不可缺少的造景植物，象征着不屈的气节、谦逊的胸怀，其枝干坚韧挺拔，叶片薄而密，清风吹过发出窸窸窣窣的声音，宛如敲击碎玉般悦耳；有水的地方大多有荷，荷花出淤泥而不染，象征高洁的品格，荷叶硕大，适合承雨，“留得枯荷听雨声”形容萧瑟秋雨打在干枯的荷叶上发出的清脆声响，颇有韵味；松树象征坚贞不屈的品格，松叶细如针，风吹之发出哗哗声，古人将松视为最佳的听风植物，有喜爱者甚至种植大片的松树只为听松涛之声；芭蕉叶大且较厚，雨打之有“大珠小珠落玉盘”的美妙声音，“种蕉可以邀雨”，古代诗词中有几百处描写雨打芭蕉的意象，足以见得人们对这种声音的喜爱。

（三）嗅觉保健方面

具有嗅觉保健功能的植物为芳香类植物，通过向环境中散发有益物质，被人体吸入后实现保健功能。芳香植物对人体的保健功能有的为防治疾病，有的是调节神经、改善心情。如含笑的花香清新有安神效果；天竺葵的花香具有镇静、清除疲劳和安眠的效果；银杏叶片散发出的银杏酮类物质，有防癌的作用；薄荷能清热解表、祛风消肿、止痒；白兰中富含芳樟醇，减慢心率，降低心肌耗氧量，使心脏收缩有力；樟树、松柏挥发物缓解骨关节疼痛；洋蒲桃的挥发物有抗菌活性成分，对由细菌感染引起的呼吸道和消化道疾病、皮肤感染有效；九里香具有镇定、镇痛、缓和情绪等作用。

（四）触觉保健方面

人们通过触摸植物能使自己和植物都产生不同的感受，植物枝干、叶片、花朵、果实在被触摸时表面温度升高，挥发有益物质的速度加快。人们通过呼吸和皮肤直接吸收挥发物，使其更好地发挥保健功效。另外，人们在触摸不同质感的植物时心情也会不同。触摸合欢、含羞草、扫帚草等具有细腻叶片或柔软花朵的植物时会小心呵护，内心也会变得柔和；碰触紫薇的枝干会引起其自身的抖动，像是被人挠痒痒一样，可以激发人们对自然的兴趣。

（五）食用保健方面

许多观赏园艺植物的根、茎、叶、花、果实、种子都能通过人们的日常饮食发挥其保健功能。如菊花、金银花、玫瑰、茉莉等制作的花茶，有清热去火、美容养颜、调理气血的功效，马齿苋清热解毒、凉血消肿，腊梅花解暑生津、顺气止咳，牛蒡的根、茎、果实清热解毒、祛风湿等作用。

第三节　观赏园艺植物色彩对人生理和心理的影响

有关研究资料表明：人的视觉器官在观察物体时，最初的 20 秒内色彩感觉占 80%，而形体感觉占 20%；2 分钟后色彩占 60%，形体占 40%；5 分钟后两者各占一半，并且这种状态将继续保持。可见，色彩给人的印象是迅速、深刻、持久的。

植物色彩是与我们的生活息息相关的，我们每天都能看到各种各样的植物，它呈现给人们的是视觉美，主要由植物的色彩美、形体美、线条美和质感美等构成，心理学家认为“人的第一感觉就是视觉，人的眼睛是人最精密的感觉器官，而对视觉影响最大的则是色彩。”色彩是刺激人视觉神经系统最敏感的信息符号。因此，植物的色彩比造型更具有冲击力。植物色彩主要包括叶、花、果、干的色彩，植物每个部位的颜色都能表现出它的色彩美。正是这些各种色调的植物，给我们灰色调的城市环境增添了许多亮点。人们对植物色彩的研究是在色彩学的基础上发展起来的，所以在学习植物色彩之前，应首先了解一下色彩的基本知识。

一、色彩原理

色彩，这两个字看起来平平常常，但是它始终贯穿于我们生活的方方面面，无时无刻在影响、塑造我们的生活，与我们的生活息息相关。我们每天都在用色彩演绎着精彩的篇章，色彩总能为我们的生活带来美好。

（一）色彩的形成

色彩是光刺激眼睛再传达到大脑的视中枢而产生的一种视觉效应，物体呈现颜色是光线照射的结果，当物体吸收了光波中的其他颜色，而唯独反射某一种颜色的光波时，这个物体就会呈现它反射出的颜色（图 4－48）。因此，色与光的关系是“光是色的源泉，色是光的表现”。

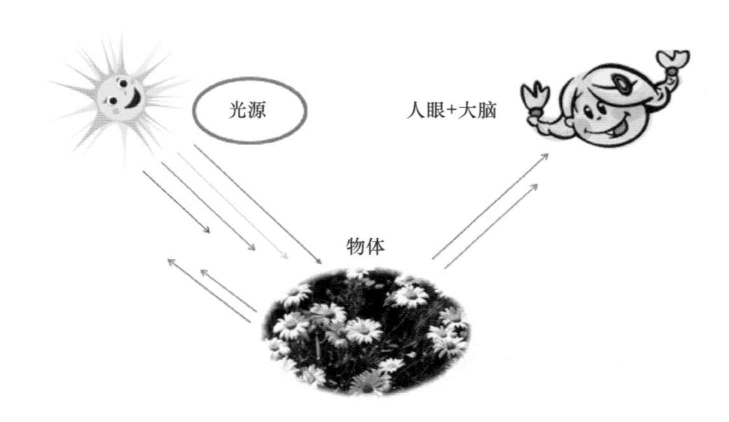

图 4－48　色彩的产生

英国物理学家牛顿通过三棱镜实验，揭开了色彩来源于光的奥秘，确立了色彩源于光的理论（图 4－49）。折射将日光分离成红色、橙色、黄色、绿色、蓝色、青色、紫色七种单一色光，它们按彩虹的颜色顺序排列。牛顿将这七色光称之为“光谱”。

图 4－49　牛顿三棱镜实验

光在物理学上是一种客观存在的物质，是一种刺激视觉器官引起视感觉的电磁波。在为光分类的时候通常以波长为标准，波长的长短决定了光的种类。视觉正常的人在有光条件下能看到可见光谱的各种颜色，它们从长波一端到短波一端的顺序是红（波长 622～780 纳米）、橙（波长 597～622 纳米）、黄（波长 577～597 纳米）、绿（波长 492～577 纳米）、青（波长 455～492 纳米）、蓝（波长 435～455 纳米）、紫（波长 380～455 纳米），如图 4－50 所示。

在自然界中，任何客观物象色彩关系的形成都具备光源的照射、物体的反射和环境的折射三个基本因素，即光源色、固有色、环境色。

1. 光源色

光源色是指光线的色彩发光体不同的波长可以产生不同的光源色彩。光源色分单色光和复色光。

（1）单色光　是经三棱镜分解的红、橙、黄、绿、青、蓝、紫任意一个色光，再经三棱镜不能再进行分解，在银幕上仍是原来的色光，这种不能再分解的光称为单色光。

（2）复色光　是在牛顿光分离实验中，如果在光分散的中途加一块凸透镜，使分散的光线

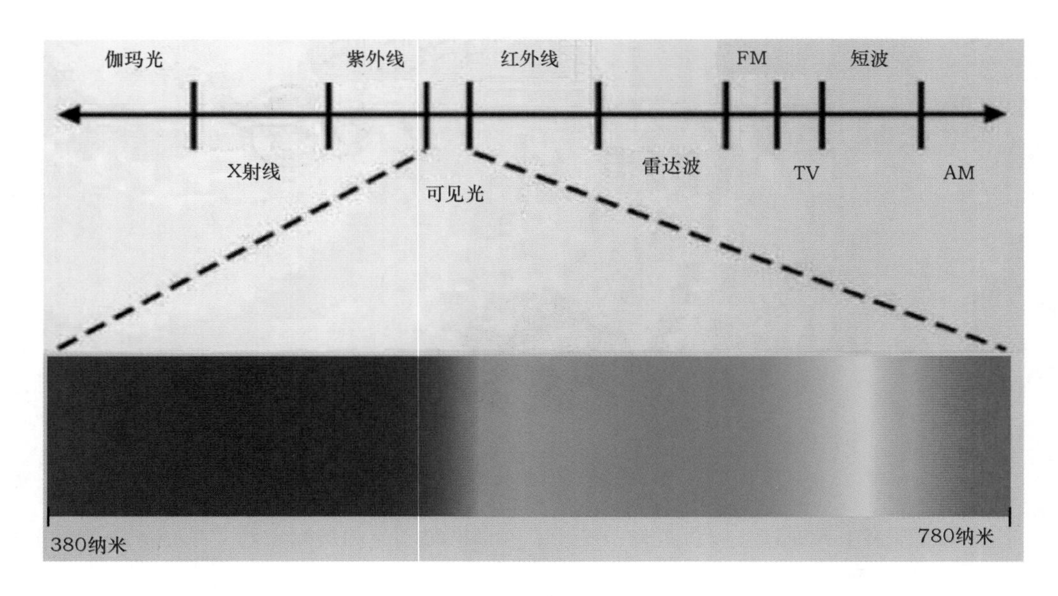

图 4－50　色光示意图

在凸透镜与银幕之间的某一点汇聚，则在该点的光线又成为白色光，此白色光即为复色光。

（3）固有色　固有色不是一个非常准确的概念，因为物体本身并不存在恒定的色彩。人们习惯于将日光下物体呈现的色彩称为该物体的固有色，其主要取决于人们长期的视觉经验对物体色彩的区分和描述，以便于对物体的色彩进行比较、观察、分析和研究。光线强烈时，物体的固有色表现在受光部和背光部之间，光线微弱时物体的固有色变得暗淡模糊。在中等光线下，物体所呈现的固有色最明显。认识物体的固有色，也就是分析事物矛盾的特殊性。如正常光线下，以观察红颜色的花为例，玫瑰花基本色是呈紫红的特征，荷花为粉红色特征，美人蕉的基本色偏朱红。也就是说，这些不同品种的花尽管都给人一种红色印象，但呈现出来的红色面貌却不相同。而这种“不同”或“差异”就是物体各自的固有色，而称之为“红花”不过是一般意义上的“概念色”。

3. 环境色

环境色是指物体受光后，由于周围环境影响对该物体产生的反射或折射现象。自然界中任何事物和现象都不是孤立存在的，环境色也不例外，均受到周围环境不同程度的影响。环境色是一个物体受周围物体颜色反射所引起的物体固有色的变化。环境色是光源色作用在物体表面而反射的混合色光，所以环境色的产生与光源的照射分不开的。

（二）色彩的分类

自然界丰富的色彩为我们提供了多样的色彩体验，无论是宏观还是微观的色彩都是有规律可循的，研究色彩的规律就是要归纳色彩的种类。为了便于研究，将色彩分为有彩色和无彩色（图 4－51）。

1. 有彩色

有彩色是指带有冷暖倾向的色，有彩色的种类是无穷尽的，红、橙、黄、绿、蓝、紫是从有彩色中归纳出来的基本色，是为了便于研究与制定标准。

2. 无彩色

无彩色是不具备色彩倾向的，既不偏暖也不偏冷，由黑、白、灰色构成。黑与白是无彩色

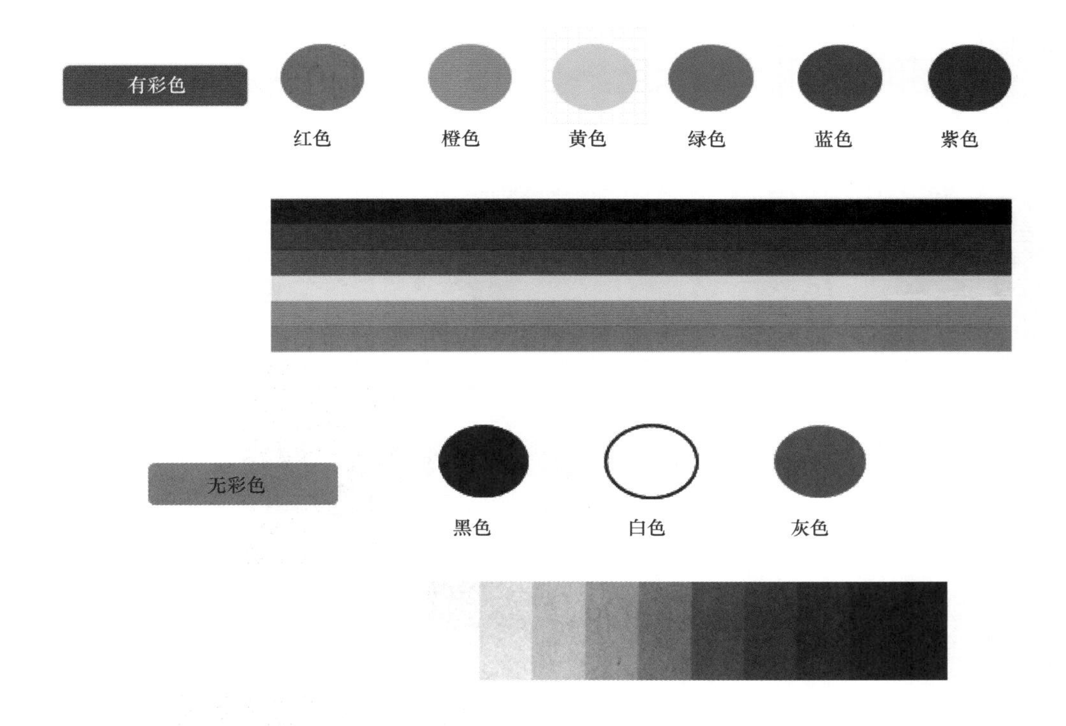

图 4－51　色彩的分类

中的两极，在色彩的黑白概念中，纯白就是将所有的色光全部反射，纯黑就是将所有的色光全部吸收，这只是理论中的黑与白，而现实中纯白与纯黑是不存在的，白色总是含有极少量的黑，黑色也含有极少量的白。

（三）色彩的属性

从色彩学研究上讲，人们所能感知的一切色彩都具有色相、明度、纯度这三种性质。这三种性质是色彩最基本的构成元素，因此，也称色彩的三要素。这是人们把缤纷的色彩进行有序化归类的理论工具，因此要想掌握无数色彩并运用自如，必须充分理解色彩的三要素。

1. 色相

色相是对色彩相貌的统称，它是人们在长期的视觉经验中所获取的感性认识。色彩的相貌是以红、橙、黄、绿、青、蓝、紫的光谱色为基本色相。不同色相是根据其波长的不同与人的视觉经验结合产生的一种色彩特征。其他各种色相都是以基本色相为基础发展起来的。

2. 明度

明度是指色彩的明暗程度或深浅程度，以光源色来说可以称为明暗度，对环境色来说可称为深浅度。

在无彩色系中，明度最高的是白色，最低的是黑色。在白色与黑色之间存在一个系列的灰色，一般可分为 9 级。靠近白色的部分称为明灰色，靠近黑色的部分称为暗灰色。在有彩色系中，最明亮是黄色，最暗的是紫色，这是因为各个色相在可见光谱上振幅不同，对于眼睛的知觉程度不同而形成的。黄色、紫色在有彩色的色环中，成为划分明暗的中轴线。任何一个有彩色加入白色，明度都会提高，加入黑色明度则会降低，加入灰色时，依灰色的明暗程度而得出相应的明度色（图 4－52）。

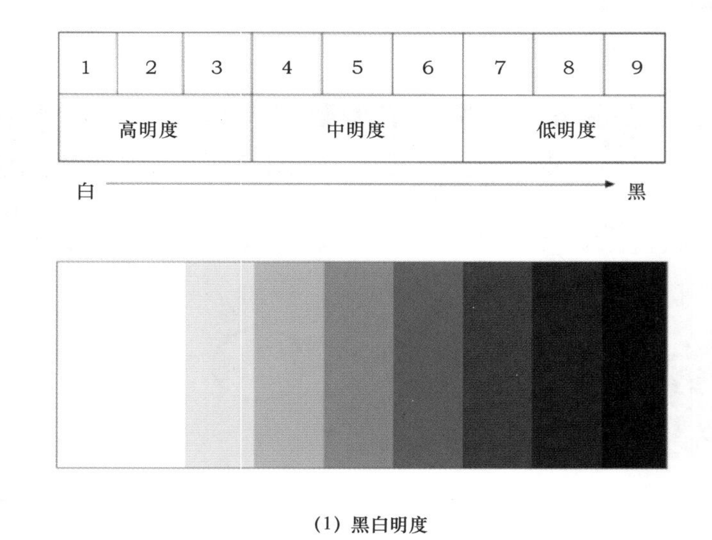

（1）黑白明度

（2）红色明度

图 4－52　色彩明度色阶图

3. 纯度

纯度是指色彩的鲜浊程度，又称饱和度。在可见光谱中，红、橙、黄、绿、青、蓝、紫是最纯的颜色。高纯度的色相加白色或加黑色，将提高或降低色相的明度，同时也会降低它们的纯度，如果加入适度的灰色或其他色相，也可相应地降低色相的纯度（图 4－53）。

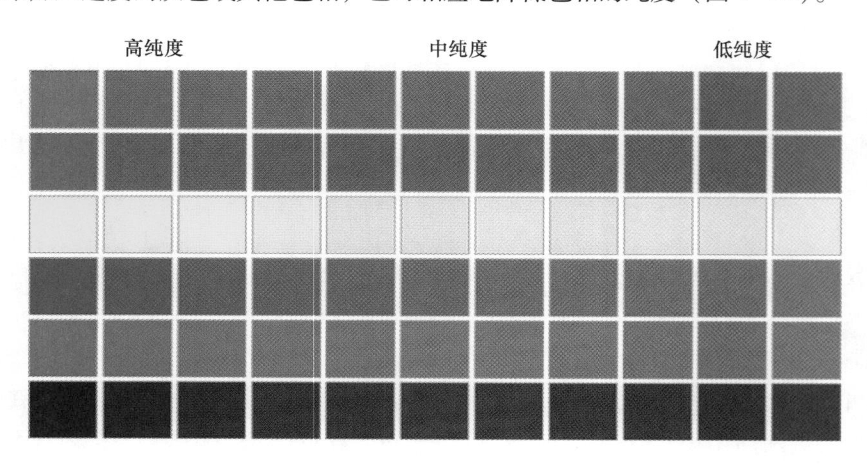

图 4－53　六色相与各自同明度灰作渐变互混效果

（四）色相对比

色相对比是因色相之间的差别而形成的对比。各色相由于在色环上的距离远近不同，形成了强弱不同的色相对比。根据色相环排列的顺序可以把色相对比归纳成四个方面，说明它的对比规律和视觉效果（图4－54）。

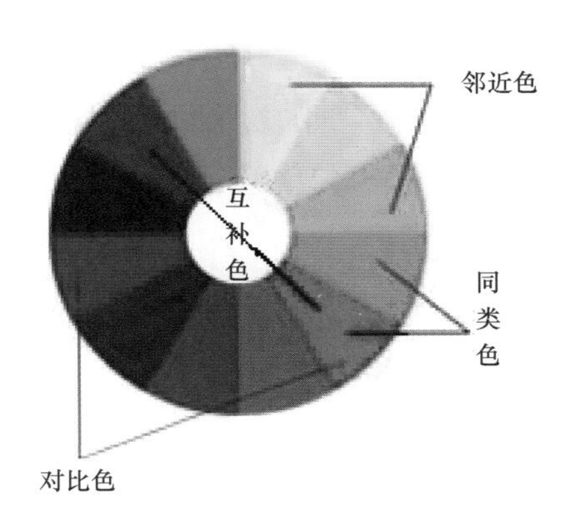

图4－54 24色相环

1．同类色对比

所谓同类色是指两个颜色在色环上位置十分相近，大约差15°，在对比关系上也就是一个色与相邻的另一个色的对比，因为两者相距非常近，故色中的同种因素多，产生的对比效果就弱，在色彩学中被称为同类色相对比，从视觉的角度讲也可以称为弱对比。这样的色相对比，色相感显得单纯、柔和、谐调。无论总的色相倾向是否鲜明，色调都很容易统一调和。

2．邻近色对比

邻近色对比是指在色相环中任意45°左右的颜色。由于颜色之间相互毗邻，故称为邻近色。这样的对比关系中存在共同因素，但能区别出冷暖来，虽然仍属于色相弱对比范畴，但是对比清晰，各色特征明显，是整体调和又包含变化的色彩对比关系。

3．对比色对比

对比色是指在色相环中任意120°两端相对的颜色。属于色相的中强对比，选择跨度大，色相感强，对比效果强烈，富有运动感，是现代设计中运用较为广泛的配色方式。对比色相对比较明快、欢乐、动感，但容易使人出现视觉疲劳，让人烦躁不安。

4．互补色对比

互补色对比是指在色相环中180°两端相对的任何颜色，也称余色。典型的互补色关系是红与绿、蓝与橙、黄与紫。红、绿是纯度对比的极端，蓝、橙是冷暖对比的极端，黄、紫是明度对比的极端。互补色对比的优点是饱满、活跃、生动、刺激，缺点是不含蓄、不雅致、过分刺激，有种幼稚、原始的感觉。

（五）色彩的感觉

色彩感觉是指人类在日常生活中长时间积累的对色彩的视觉经验所产生的对人的思维联想和感情的影响。这种影响使人产生心理错觉和偏爱，这种心理的反应会以色彩的方式呈现出来。

1．色彩的冷暖感

色彩本身并没有冷暖的温度差别，是人的视觉色彩引起人们对冷暖感觉的心理联想，色彩的冷暖是相对来说的。当我们看到红、橙、黄等颜色，常会联想到太阳、火焰、鲜血等，有温暖、热烈、危险等感觉，这种带有红、橙、黄的色调被称为暖色调；而见到蓝、蓝紫、蓝绿等色后，则很容易联想到天空、海洋等，产生深远、理智、平静的感觉，这种带有蓝、蓝紫、蓝绿的色调是冷色调；黄绿、蓝绿使人联想到草、树木等植物，有青春、生命的感觉。绿色和紫色属于中性色。

2. 色彩的轻重感

色彩的轻重感主要取决于色彩的明度，明度高的色彩比明度低的色彩看起来轻。白色为最轻，黑色为最重。另外，色彩的轻重感还与色彩的冷暖有关，暖色系的色彩看起来重，冷色系的色彩看起来较轻。

3. 色彩的明快与忧郁感

色彩的明快与忧郁感主要与明度、纯度有关，明度高的颜色具有明快感，明度低的、灰暗的颜色有忧郁感。黑色容易使人产生忧郁感，白色使人产生明快感，中明度的灰色为中性色。

4. 色彩的兴奋与沉静感

色彩的兴奋与沉静感取决于色彩刺激视觉的强弱。红、橙、黄等暖色调具有兴奋感，蓝、蓝紫等冷色调具有沉静感，绿与紫为中性。色彩的兴奋与沉静感还与明度有关，高明度的色彩使人有兴奋感，低明度的色彩使人有沉静感。在纯度方面，高纯度的颜色具有兴奋感，低纯度的颜色有沉静感。在园林植物设计中，在文娱活动场所和儿童活动场所，不要过多地种植代表庄严、肃穆的雪松等常绿树，宜选用暖色调、高纯度、高明度等兴奋性色相的花卉或植物，以烘托欢乐活跃的气氛。

5. 色彩的华丽与朴素感

红、黄、橙等暖色会使人有华丽感，蓝、紫等冷色和浑浊灰暗的色彩具有朴素感。有彩色系具有华丽感，无彩色系具有朴素感。华丽的颜色必然鲜艳、亮丽，色彩饱和度高，给人活泼、强烈感觉的色彩大都是纯度高、明度高的颜色，也就是说华丽的颜色必然是色调暖、纯度高、明度高的色彩系统。相反，纯度低、明度低、色调冷漠、浑浊、灰暗则给人朴素的感觉。

6. 色彩的舒适与疲劳感

红色，容易使人兴奋，也容易使人感觉疲劳。看见大海一样的蓝色，则心情平静、舒适。色彩的舒适与疲劳感是色彩刺激视觉生理和心理的综合反应。视觉刺激强烈的色彩往往容易使人疲劳，反之则使人舒适。绿色是视觉中最为舒适的颜色，当人们用眼过度产生疲劳时，多看看绿色植物则可以缓解疲劳。因为它能吸收对眼睛刺激性强的紫外线。此外，色彩搭配过多，纯度太高、明度反差过大的对比色也容易使人产生疲劳感。纯度过强，色相过多，明度反差过大的对比色组容易使人疲劳。

7. 色彩的积极与消极感

色彩的积极与消极感与色彩的兴奋与沉静感相似。一般认为，红、黄等热烈、兴奋的暖色调具有生命力和积极进取的感觉。把青、蓝、紫等表现平稳、温柔的色彩划为消极被动的色彩。色彩的积极与消极感主要与色相有关，同时，纯度高、明度高的色彩也具有积极感，纯度低、明度低的色彩具有消极感。

8. 色彩的距离感

色彩有时会令人产生前进或后退的感觉，它是一种经过比较才会产生的感觉。一般红、橙、黄等暖色调会有向外膨胀的感觉，就显得较为前进。蓝色、深绿色等看起来清冷、幽远、深邃的色彩则有后退的感觉。明度高、纯度高会有前进、膨胀的感觉，反之，有退后、收缩感。在植物配置的实际运用中，做背景的树木可选用雪松、银白杨等灰绿色或灰蓝色的树种，可以加强深远的效果。

（六）色彩的情绪效应

"色彩隐藏着一种力量，虽然很少为人们所感觉，但却是真实的、显著的，而且感应着整个人体。"这种力量是色彩不但具有可量化的物理特性，还具备鲜明的民族文化气息，并与人的情感发生联系，使得它的表达呈现一种多样化和多元化的特征。

1. 红色系

红色系意味着热情、奔放、喜悦、活力，给人以艳丽、芬芳、甘美、成熟、青春和富有生命力的感觉。在我国，红色被视为喜庆、美满、吉祥和尊严。中国人狂热地崇拜和喜爱着红色，中华民族被称为"红色中国"，"红色"在中华大地上流行了数千年而经久不衰。

2. 黄色系

黄色系给人以光明、辉煌、活跃和轻松的感受，又具有崇高、神秘、华贵、尊严等超然物外的感觉。蓝紫色系，给人以深远、清凉、宁静的感觉，是典型的冷色和沉静色。园林植物中开蓝花的不多，蓝紫色的尤少，花期多在夏季，恰好用冷色驱除酷热。

3. 白色系

白色系表示和平与神圣。白色的明度最高，人看到白色易产生纯净、清雅、神圣、安适、高尚、无邪的感觉。

4. 绿色系

绿色是大自然中的基调色，大自然赋予了植物叶片丰富多变的绿色，绿色是自然界中最普遍的色彩，是生命之色，给人以宁静、平和和安慰的感觉。绿色能够唤起人们感受大自然界的凉爽、清新的效果。

二、色彩对人生理和心理的影响

心理学家认为，色彩是视觉中最敏感的表现方式，其次是形体和线条。植物色彩对人心理反应和情绪波动有着很大的影响。心理学家研究指出，大自然的绿色在人视野中占到25%时，人的精神尤为舒适，心理活动也会处于最佳状态。植物色彩对人体身心影响的研究是在色彩生理学基础上发展起来的。国内外多项研究表明，观赏园艺植物色彩具有缓解身体疲劳、平复内心环境等功效。不仅是户外的植物，室内的绿色植物也同样具有有效恢复人生理、心理状况以及脑电波的功能，帮助人们减轻视觉疲劳与肌肉酸痛以及缓解工作压力等。总之，植物色彩可以通过创造舒适自然的环境而促进人们的身心健康发展。

红色系植物可以有效刺激人的神经系统，促进血液循环，促进肾上腺激素的分泌；黄色有助于提高患者的注意力、记忆力及逻辑思维能力，对肝病患者的效果最为显著，所以黄色系植物对帮助患者消除机体疲劳、缓解心理压力以及安抚不良情绪等方面均有着重要的作用；绿色系植物能够吸收阳光中的紫外线，减少光对眼睛的刺激，缓解眼部疲劳；蓝色系植物的功能相对较多，不仅具有降低血压和脉搏、保持呼吸平稳等作用，而且还能调节患者体内平衡，帮助他们克服睡眠不足的问题；紫色系植物则对身体组织的生长具有良性的刺激作用，对淋巴系统的正常循环也有着一定的促进作用，所以紫色植物是缓解偏头痛的理想植物。

植物色彩在缓解压力、放松心情方面，最令人轻松、平静的是绿色，其次是蓝色、白色、黄色和红色。绿色系植物给人的主观感受依次是清新、生命、新鲜、希望、活力、青春和新生等，是给人负面情绪最少，令人最愉快、放松的色彩；蓝色系给人的主观感受依次是深远、神秘、平静、清爽和安宁，但也有一定负面的情绪，如忧郁、悲伤和冷漠等，所以蓝色观赏园艺植物主观上能让人感到平静，但同时也会让人感到过于安静而产生悲伤的情绪；白色系植物主观上能使人感到平静，但会产生冰冷、死亡的负面情绪；黄色系植物给人的主观感受是灿烂、明亮和高贵等，负面感受有诱惑和庸俗，同样黄色在使人感到愉快的同时，也会给人带来一些负面的情绪；红色系植物给人重要的主观心理感受是热情、喜庆和兴奋，具有很强的刺激性，容易吸引人们的目光，令人振奋，但也会使人产生紧张的情绪。现在，越来越多的医院、疗养院、敬老院等了解到色彩的这些功能作用，并积极种植色彩丰富的植物，帮助患者在轻松、愉悦的环境中恢复健康（表 4 - 2）。

表 4 - 2　　常见观赏园艺植物色彩对人的生理和心理的影响

色彩	常见观赏园艺植物	感受	影响与作用
白色系	白玉兰、白丁香、珍珠梅、刺槐等	干净、纯洁、无暇	有平复作用，降低血压
蓝色系	假连翘、木槿、醉鱼草、毛泡桐等	宁静、凉爽、忧郁	一定的镇定作用，缓解肌肉紧张，松弛神经
紫色系	紫丁香、紫藤、薰衣草、鸢尾等	神秘、高贵	缓解疼痛，对失眠、精神紊乱有一定的调节作用，激发灵感
橙色系	旱金莲、凌霄、金盏菊等	舒缓、积极、快乐	活跃思维、缓解抑郁和沉闷
红色系	凤凰木、石榴、梅花、海棠等	活力、热情	促进血液循环、增进食欲、增强体力
黄色系	连翘、迎春、腊梅、金鸡菊、向日葵等	健康、明快、满足	激发热情，唤醒人的自信和乐观情绪
绿色系	油松、雪松、侧柏、银杏等	沉静、自然、和平	安抚情绪、保护视力、减缓视觉疲劳、增强人的敏感性

（一）观赏园艺植物景观设计色彩对人心理的影响

由于色相、亮度、饱和度相互接近而容易相互协调颜色，因相互在色板中色彩接近而具有优雅、柔和的气质。在早春季节中开花的植物，植物颜色搭配明显，给人一种耀眼的醒目感。例如，雪松和柏树常作为常绿乔木，黄刺玫、珍珠梅等明亮浅色灌木作为观赏植物。同时用色彩的明暗与饱和度的对比，植物景观还给人们心理以空间和时间的景观要素影响，即创造和欣赏的过程。此过程是观赏者不可或缺的心理反应。植物色彩的搭配总是受到人们心理审美与环境气氛的影响，经过视觉刺激中产生相应的心理反应，从而使各种内心情绪得到恢复，最终产生各种心理感受。

1. 补色植物搭配对比

互补的色彩组合能够营造出快乐温馨的氛围，色调、亮度、色彩的对比度强，醒目。应多用补色的对比组合，相同数量的比色对比较单色植物的色彩效果强烈得多，特别适用于灰色建筑物和铺路广场。例如，橙色和蓝色是互补的颜色。橙红色郁金香和蓝色风信子的植物交叉种植既增加了颜色的亮度，并以对比色吸引着人们的眼球。

2. 三色系植物搭配对比

三色系的对比是橙、绿、紫三色与红、黄、蓝三色的对比。在植物空间搭配中既有前后种植方式也有垂直空间种植方式，这种互补色的组合效果很好，在环境中成功使用时可以获得明亮宜人的艺术效果。如紫色三色堇、黄橙色万寿菊、绿色的小叶女贞组合在水平前后种植方式中组成色彩鲜明的花带，红色碧桃、红枫、柏树等有色植物种植在竖向空间中可以衬托出植物与天空的天际线，可从水平和垂直空间上获得强烈而积极的效果。

3. 中差色相植物调和搭配

这是指颜色接近的色调，即红与黄色搭配、绿与紫色搭配、橙与绿色搭配、蓝与黄色搭配等。在景观植物搭配中可以相互协调，增加景观植物的层次，如红色山茶花和金边黄杨灌木搭配、紫色鸢尾与大株丁香搭配等，令人赏心悦目。

（二）观赏园艺植物景观色彩设计的原则

植物最显著的特点就是它的颜色和形态会随着时间的推移呈现出动态的变化，所以在做植物景观设计时，要充分考虑到植物的这一动态变化规律，并遵循这一原则。

1. 统一性原则

在现代植物景观色彩设计当中，一定要坚持统一性原则，即应使用同一色相或同一类植物塑造一个整体和统一的色彩气氛。这是进行色彩设计的关键所在。在进行实际设计的过程中，植物的色彩搭配需要注意植物之间的明亮度和色彩的性质等因素，从整体上进行调节，从而塑造出良好的色彩整体感，实现植物塑造的良好状态。

2. 调和性原则

调和性原则指两种或多种颜色秩序协调地组合在一起，并且产生使人愉悦、舒适和满足感的色彩匹配关系。不同的搭配方式会产生不同的效果，为给人们带去一种良好的视觉感受，一定要注意色彩之间的调和性。在调和性原则下，首先需要考虑到植物景观的对比色及邻补色之间的搭配，这样所呈现出的效果不仅美观，还能带给人一种赏心悦目的感受。

3. 对比性原则

对比性原则主要是在植物景观的设计中通过植物色彩的搭配方式来实现不同颜色之间的对比性，从而营造出一种色彩丰富的视觉环境。在植物景观设计当中主要是利用色彩对比来呈现出设计效果。不同的色块对比将直接影响到整体的色彩效果。

4. 季节变化原则

植物在不同的季节存在着不同的花期和色彩，这是最突出的特点，在设计时要遵循植物的生物学规律和季节变化原则，进行科学、合理的配置。

5. 色彩的心理原则

从色彩心理学的角度来说，在植物景观设计过程中要考虑色彩的心理效应，如绿色植物代表生命、蓝色植物表示深沉与宁静、黄色植物象征着成熟与富贵等。在植物色彩设计中还要考虑环境的特点，在景观的色彩组合上尤其要注意类似色的运用，以求得和谐。

第四节 观赏园艺植物香味对人生理和心理的影响

在这个节奏紧张、竞争激烈的高科技时代，人们常常遭受一些压力，使人身心疲惫或患上严重的身心疾病。大量研究表明，含有芳香味的植物对人生理及心理能产生积极的影响。这些含有香味的植物，我们将其称之为“芳香植物”，芳香植物是兼有药用植物和天然香料植物共有属性的植物类群，其组织、器官中含有精油、挥发油或难挥发树胶。芳香植物可以通过茎、叶、花、果等各部分散发出香味，有一定的药用价值，并且具有很高的观赏性，可净化空气和杀菌消毒。“梅花竹里无人见，一夜吹香过石桥”“遥知不是雪，为有暗香来”“桂子月中落，天香云外飘”“燕寝香中暑气清，更烦云鬓插琼英”等都是古人对花香的描述。

一、 观赏园艺芳香植物分类

乔木、灌木类具有芳香气味的主要有侧柏、香柏、海桐、毛泡桐、香樟、阴香、月桂、金缕梅、黄檗、九里香、白兰、黄兰、含笑、玉兰、广玉兰、天女花、夜合花、优昙、梅花、香水月季、木瓜、瑞香、结香、紫丁香、桂花、素馨花、茉莉、女贞、香荚蒾、珊瑚树、接骨木、楝树、米兰、腊梅、木荷、油茶、厚皮香、合欢、栀子、夜来香、鹅掌柴、云锦杜鹃等。

藤本类具有芳香气味的有木香、金樱子、香莓、光叶蔷薇、多花蔷薇、金银花、紫藤、合欢等。

草本类具有芳香气味的有白水仙、丁香水仙、姜花、薄荷、留兰香、罗勒、藿香、紫苏、迷迭香、鼠尾草、百里香、薰衣草、灵香草、荆条、百合、铃兰、萱草、玉簪、月见草、待宵草、香叶蓍、地被菊、龙蒿、香雪球、紫罗兰、豆科羽扇豆、石菖蒲、麝香石竹、香叶天竺葵、兰花等。

二、 观赏园艺植物香味对人生理和心理的影响

在植物景观营造当中，经常会利用芳香类植物调节和改善人体的身心健康。芳香类植物能够挥发的有机物主要是芳香族化合物和萜类化合物，这些挥发性物质通过呼吸系统或者皮肤毛孔进入体内，起到强身健体的作用。相关研究表明，优雅的香气沁人心脾，令人清爽，可提高神经细胞的兴奋性，给人一种愉快的感受，使情绪得到改善，消除疲劳从而调节免疫系统。如侧柏枝叶的挥发物使人心率显著降低，对于缓解人的紧张情绪、营造清新自然的呼吸环境方面起到很好的促进作用。薰衣草香味具有抗菌消炎的作用，将花枝直接放入衣柜，有驱虫作用。鼠尾草花和叶可用来泡茶，茶性温和，散发清香味道，可清除体内油脂，促进血液循环，抗衰老，增强记忆力。菊花的香气能治感冒、眼翳、头痛、头晕。桂花的香气有清肺、解郁、避秽的功能。丁香花的香气，对牙痛有镇痛作用。茉莉的芳香对头晕、目眩、鼻塞等症状有明显的缓解作用。紫茉莉散发的香气成分 5 秒钟即可杀死白喉、结核菌、痢疾杆菌等病毒。郁金香的香味可以疏肝利胆。槐花香可以泻热凉血。薄荷具有祛痰止咳的功效。天竺葵花香有镇定神经、消除疲劳、促进睡眠的作用。兰花的幽香，能解除人的烦闷和忧郁，使人心情

爽朗。紫罗兰的香味给人以爽朗和愉快的感觉。迷迭香的香气对人的想象力有良好的促进作用。水仙花香味中的酯类成分，可提高神经细胞的兴奋性，使情绪得到改善、消除疲劳。

第五节　观赏园艺植物形态对人生理和心理的影响

观赏园艺植物大多都有它天然的独特形态美，有的婀娜多姿、有的隽秀飘逸、有的倩影婆娑……从广义上来讲，观赏园艺植物的形态主要是指植物的外貌轮廓所呈现出的图形，人们通过视觉将其转化为具有几何构成特性的一些图形或符号，如圆形、椭圆形、圆锥形、塔形、三角形、伞形等，可谓千姿百态。植物的形态主要由植物的树干和树冠（主干、主枝、侧枝以及叶幕）组成。植物的形态并非一成不变，常依配置的方式及周围景物的影响，通过人工将其造型而产生不同程度的变化。因此，植物形态所具有的特殊景观效果给城市带来了丰富多样的园林景观空间。也正因如此，观赏园艺植物丰富多样的外貌形态，通过对人的视觉刺激，从而使人们产生不同的生理和心理反应。

观赏园艺植物的形态类型丰富多样，是构成植物景观空间的直接性景观元素，按其景观类型可划分为自然型和几何型两种，这两种类型均广泛应用于园林景观中，常作为主要配置树种。尤其是具有几何性特征的观赏园艺植物常作为园林的主体景观树出现。自然型的植物树形多用于呼应主体或者作为背景丛植的方式呈现，灌木多由人工进行整形处理，以方形、扁球形、球形、卵圆形等形态居多；草本则以丛生形态出现。如圆柱形植物形态具有垂直向上性，有种强烈的向上升腾的动势。一般圆柱形植物宜栽植于肃穆静谧气氛的地方。三角形植物形态能够通过引导视线向上的方式，突出空间的垂直面，为植物景观和空间提供一种垂直感和高度感，可用来协调硬性、几何形状的传统建筑空间，具有高洁、权威、庄严、肃穆、傲慢、孤独、寂寞的特征。圆形没有显著的方向性，也没有明显的倾向性，但由于其外形圆柔温和，能给人一种柔和平静的感受，可以调和其他外形强烈的植物形体，也可以和其他曲线形的因素相互配合呼应，营造出安静宁和的气氛。

有研究表明，观赏自然型和几何型这两种形态类型的植物景观后，对观赏者的生理和心理产生了一定的影响。自然型植物形态较几何型植物形态对人的身心健康效果好，一是在自然型植物形态中，观赏者的舒张压和收缩压有显著降低，说明有放松效果且舒适度较好；其次，自然型植物的植物形态在主观评价中取得了较好的成绩，可显著诱导积极的情绪，而几何型植物形态不宜缓解紧张情绪。

由观赏园艺植物构成的植物景观空间不仅是一种具象的物质空间，同时也是一种情感心理空间，人们希望从中获得身心的满足，达到情感的共鸣。因此，怎样合理地运用植物形态来营造符合人们身心需要的植物景观空间是非常重要的。

第六节　药用观赏植物的应用

药用植物泛指医学上用于防病、治病的植物种类。我国幅员辽阔，地跨寒带、温带、热带三带，地形错综复杂，气候多种多样，药用植物种类繁多。药用观赏植物，顾名思义就是指药用植物中具有观赏性，且对人体健康有益的植物种类。观赏性是指植物的花、果、枝、叶和树干，药用价值是指植物的花、果、枝、叶、皮和根。将药用植物的观赏特性与它的保健功能应用于园林植物种植中，形成具有保健功能、景色优美的植物景观，现已成为人们研究园林植物景观配置的重点之一。

一、药用观赏植物的保健功能

药用观赏植物根据生物学特性可以分为药用观赏乔木类、灌木类、藤本类、地被类，按照生态习性可分为喜阳药用观赏类、喜阴药用观赏类及水生药用观赏类，根据观赏部位可分为观叶药用观赏类、观花药用观赏类、观果药用观赏类及观皮药用观赏类等。

（一）药用观赏乔木类

药用观赏乔木既具有优美的树形，能满足景观功能需求，又具有药理作用。如香樟在园林中常被用做行道树和防护林等，树冠雄展、枝叶茂密，在春季可以观红叶，树皮可行气、树果可解表退热、树根可理气活血；银杏树高大挺拔，树干通直，叶似扇形，春夏翠绿，深秋金黄，且银杏果具有祛痰止咳、降痰、清毒等功效；桂花秋季可观花、闻花香、花可散寒破结、化痰止咳，根可祛风湿、散寒，果可暖胃、平肝、散寒；广玉兰夏季可观花、闻花香，其花、树皮可用于呕吐腹泻、高血压、偏头痛、抗菌等；垂叶榕的药用部位为枝叶，有行气、消肿散瘀之功效，用于跌打肿痛和溃疡（图 4－55）。

（1）香樟

（2）银杏

（3）广玉兰

图 4－55　药用观赏乔木实例

此外还有黄檗、喜树、杜仲、七叶树、榆树、栾树、无患子、女贞、美国薄壳山核桃、黄连木、臭椿、千头椿、国槐、刺槐、楝树、朴树、红果冬青、木瓜海棠、西府海棠、琼花、巨紫荆、杨梅、棠梨、丝绵木、石楠、椤木石楠等，不仅观赏价值高，而且药用价值也高。

（二）药用观赏灌木类

灌木是地面植被的主体，药用观赏灌木集观赏和药理功效于一体，如大花栀子夏季可观花、闻花香，它的根、果实可以清热、泻火、凉血；火棘春季可观花，夏秋季可观果，火棘果可消积止痢、活血止血，根可清热凉血，叶可清热解毒；山茱萸以干燥成熟果肉供药用，始载于《神农本草经》，具有补益肝肾、涩精敛汗之功效，现代医药学研究表明山茱萸具有抗癌、抗艾滋病毒等功能；山茶花入药，凉血散疲、收敛止血，红花治血崩、吐血及烫伤，白花有治白带的功效；芙蓉花具有清热、解毒、明目的功效，叶排脓止痛，根具有清肺热、补气益血之功效；十大功劳有清热解毒、止咳化痰之功效，对金黄色葡萄球菌、痢疾杆菌、大肠菌有抑制作用，主治细菌性痢疾、胃肠炎、传染性肝炎、支气管炎、咽喉肿痛、结膜炎、烧伤、烫伤等症（图4－56）。

（1）大花栀子　（2）火棘　（3）山茱萸

（4）山茶　（5）芙蓉　（6）阔叶十大功劳

图4－56　药用观赏灌木实例

（三）药用观赏藤本类

药用观赏藤本植物在垂直绿化中发挥重要作用。用长的枝和蔓茎、美丽的枝叶和颜色各异的花朵组成美丽的景观，效果甚佳。如凌霄夏季观花，其根可活血散瘀、解毒消肿，叶、茎可凉血、散瘀，花可行血祛瘀、凉血祛风；扶芳藤四季观叶，夏季观花，其茎、叶具有舒筋活络、止血消瘀、治腰肌劳损、风湿痹痛的功效，可治疗血崩、月经不调、跌打骨折以及创伤出血等疾病（图 4－57）。此外还有南蛇藤、紫藤、爬山虎、木香、鸡血藤、何首乌、栝楼、乌蔹莓、绞股蓝、金银花、五味子、常春藤、木鳖子等。选择药用观赏藤本植物能丰富景观造型，同时具有经济和生态效益。

（1）凌霄

（2）扶芳藤

图 4－57　药用观赏藤本植物实例

（四）药用观赏地被类

药用观赏地被类植物指多年生及部分一年生覆盖地面生长的植物，集药理功能和观赏功能于一体，由于其造型奇特，被越来越多地应用于园林绿化中。如石菖蒲的叶、根茎均可药用，具有开窍豁痰、理气活血、散风去湿的功效；车前草夏季观花，全株具有利尿、清热、明目、祛痰的药理功效；白芨花颜色淡紫红色或黄白色，花形美观，具有很高的观赏价值，白芨的块茎可入药，具有收敛止血、消肿生肌的功效；白头翁的根可入药，有清热解毒、凉血止痢的功效，是治疗痢疾的良药；垂盆草全株均可入药，有清热解毒、利尿、消肿的功效；虎耳草叶形似荷叶，又似虎耳，翠绿幽柔，充满生机，属于优良的观叶花卉，虎耳草全草入药，具有清热解毒、凉血消肿的功效；紫茉莉用于治疗多种疾病，其鲜叶汁非常润滑，可用来减缓荨麻疹痒，根和种子用于抗炎、导泻和治疗梅毒；桔梗具有宣肺、祛痰、利咽、排脓之功效（图 4－58）。

（1）石菖蒲

（2）车前草

（3）石蒜

（4）白芨　（5）白头翁　（6）垂盆草

（7）虎耳草　（8）紫茉莉　（9）桔梗

图 4－58　药用观赏地被类植物实例

此外还有金银花、麦冬、萱草、金娃娃萱草、石竹、大花萱草、薄荷、阔叶麦冬、沿阶草、细叶麦冬、花叶薄荷、吉祥草、夏枯草、紫萼、贯众、玉簪、黄精、玉竹、金线蒲、百子莲、马蔺、菖蒲、马鞭草、千屈草、蓍草、长春花、赤胫散、紫金牛等。

二、药用观赏植物在城市园林景观中的应用

（一）建设药用观赏植物专类园

药用观赏植物专类园是一种集科普教育、展示观赏、保存植物资源、休憩、游览于一体的专类植物园。在城市园林景观建设中被逐步应用。一般按照地域性、科学性、生态性、美学性、观赏特性及药理功效等为原则进行规划设计。如西安植物园药用景区，通过景观改造，使自然园林和中医药文化有机结合，更好地展示了陕西省药用植物在品种、生态及功能方面的多样性，强调该区的观赏功能与科普性质，向社会提供科学性、多样性、实用性、文化性、观赏性强的药用植物活体标本。

（二）建设科研与实践教学基地的药用植物园

此类药用植物园在规划中将药用专类园与学校景观规划融为一体，除正常的教学科研功能外，还与科普教育、游憩观赏紧密结合，与整个校园环境相协调，具有学校“后花园”的功能。如上海第二军医大学以其药用植物园为基地，发挥药用植物园作为实践教学平台的基本功能，拓展其社会资源，增加其自然资源，发挥其教育资源，并具有休闲功能，改善研究者的工

作环境。

（三）建设康复花园

康复花园是基于园艺疗法思想，改善人们生理与心理状况的治疗性景观场所。康复花园可将景观治疗和心理治疗结合起来，提高患者的心理健康水平，提高物理治疗的满意度，并加快身体的恢复过程。随着医疗科技的进步及整体健康观念的提升，康复花园的内涵和外延在不断扩展，其应用范围已由最初的医院户外空间扩展到养老机构、疗养机构、校园、工作场所、邻近街道、城市空地等非医疗领域的景观。如新加坡康复花园以具有治疗功能的药用植物为主，以人体器官作为主题来分区，在为人们呈现丰富而优美的景观的同时，还引导人们通过人体自身器官的疾病来认知药用植物属性，通过认识药用植物的药用价值体会健康的重要意义；参观者通过眼看、手摸、鼻闻等活动，锻炼了肌体，舒缓了病痛，释放了压力，融入自然环境中，得到安全庇护感。

参考文献

[1] 陈木兰．观叶植物净化作用的探讨：三明农业科技［J］．三明农业科技，2008（2）：23－24.

[2] 陈伟．色彩构成［M］．北京：清华大学出版社，2017.

[3] 丁艳．植物成语的文化解读与教学建议［J］．语文建设，2018（3）：63－66.

[4] 顾群，张建华．花境设计中植物配置的色彩搭配［J］．园林，2014（5）：42－45.

[5] 黄雅薇．基于生理心理影响的园林植物配置优化探析［J］．现代园艺，2018（18）：128.

[6] 李赓，林魁，林清．药用观赏植物在园林绿化中的应用［J］．台湾农业探索，2008（3）：62－64.

[7] 李梦婷，王娟．湖南常见药用植物观赏特性分析及其在景观设计中的利用［J］．吉林农业：上半月，2017（10）：94－95.

[8] 李敏，曹军．图解色彩心理学［M］．北京：中国华侨出版社，2017.

[9] 乔昕，张德顺．药用植物在康复花园景观规划设计中的运用——以新加坡植物园康复花园为例［J］．沈阳农业大学学报：社会科学版，2012（3）：222－226.

[10] 石金秋，万五星，宋雅丽．石家庄市区空气净化植物的种类及分布研究［J］．河北林果研究，2012，27（2）：180－183；188.

[11] 苏珊·池沃斯．植物景观色彩设计［M］．董丽，译．北京：中国林业出版社，2007.

[12] 谭笑，高祥斌．中国园林植物养生保健功能研究进展［J］．中国城市林业，2017（1）：5－10.

[13] 田鹏山，赵倩，邱瑜，等．城市交通噪声污染状况及控制对策研究——以深圳市龙华区为例［J］．环境与发展，2019（7）：170－171.

[14] 文涛，苗红磊，郑蕾，等．色彩构成［M］．北京：中国青年出版社，2011.

[15] 吴菲，张志国，王广勇．北京54种常用园林植物降温增湿效应研究［A］．中国观赏园艺研究进展，2012.

［16］邢振杰，康永祥，李明达．园林植物形态对人生理和心理影响研究［J］．西北林学院学报，2015（2）：283－286.

［17］薛贤惠．药用观赏植物分类及其在园林绿化建设中的应用［J］．现代农业科技，2018（19）：220.

［18］张凯悦．基于环境心理学浅谈北方景观植物色彩搭配设计［J］．居舍，2017（31）：70.

［19］张喆，郄光发，王成，等．多尺度植物色彩表征及其与人体响应的关系［J］．生态学报，2017（15）：5070－5079.

［20］赵娟，崔文静，李红．浅析园林植物色彩对人的生理和心理的影响［J］．花卉，2018（12）：164.

［21］朱慧，张宇东．基于实验心理学的色彩心理探究［J］．中国包装工业，2008（7）：49－51.

CHAPTER 5

第五章 休闲园艺活动与作业疗法

第一节 休闲园艺活动的基本内涵

一、园艺活动

“园艺活动”（Gardening）是指通过使用小型手工园艺工具（如铲子、锄头、浇水壶、枝剪等）从事蔬菜、花卉、果树等园艺植物种植的各种活动。随着科技的进步，园艺活动的范围越来越广泛，园艺活动的内容越来越丰富，园艺活动的形式越来越多样化，园艺活动的场地既可以在自然野外地面上，还可以在室内地面上，也可以在建筑屋顶和建筑墙面上。

二、休　闲

“休闲”（Leisure Time）是指在闲暇时间个体或团体自愿从事各项与谋生无关的非报酬性自由活动时间的总称。休闲有四个含义：第一，它是一种自由选择；第二，它是一种自在心境；第三，它是一种自我教化；第四，它是人的一种生活方式，一种生命存在状态，即一种生存状态、一种精神状态。休闲作为时间和活动的统一体而存在，是生活方式的一部分，是人们追求自我价值实现、个体显示和发展的各种途径和方式的总和。

“闲暇”（Leisure）是一个时间的概念，是休闲的重要前提条件之一。通常社会学家把个人时间分为个人必需时间、工作时间和闲暇三部分。个人必需时间包括睡眠、用餐、卫生、健康等时间，即一般所说的生活时间，它是为了维持生理需要必须花费的时间；工作时间是指为了维持生计和满足社会需要、履行社会职责而必须投入的劳动时间；闲暇是一种时间概念，广义闲暇又称为“8 小时之外”，自由时间是指个人可自由支配时间。狭义地说，闲暇时间是除了工作时间和必需时间以外剩下的时间。

拥有闲暇是所有劳动者的权利和愿望。学者们对闲暇有各种各样的理解和定义。西方“休闲学之父”亚里士多德称之为“手边的时间”。赫伯特·L·梅伊和多罗西·佩特根将闲暇定义为在生存问题解决以后剩下来的时间。凡勃伦在1899 年所著的《有闲阶级论》中指出，闲暇时间是指人们除劳动外用于消费产品和自由活动的时间。他认为闲暇是指非生产性消费时间，人们在闲暇时间中进行生活消费，参与社会活动和娱乐休息，这是从事劳动后身心调剂的过程，与劳动力再生产和必要劳动时间的补偿相联系。马克思曾着眼于揭露“人被异化了”的现实，把时间分为“工作时间”和“可自由支配时间”。这里的“可自由支配时间”就是广义上的闲暇时间，就是“非劳动时间”“不被生产劳动所吸收的时间”。闲暇时间与休闲是两个不同的概念，但人们通常习惯于将二者等同。人人都可能拥有空闲时间，但并非人人都能够拥有或体验休闲。因为休闲不仅是一种时间较为充裕的状态，还是一种理想的消遣和生存体验方式。

三、休闲活动

本教材所指的“休闲活动”（Leisure Activities）是专指个体或团体根据预定目标或预期效果自愿在休闲时间内从事与谋生无关、自己感兴趣、有意义且内容积极向上、健康使人愉悦、幸福并使社会和谐的非报酬性快乐活动。通过参加休闲活动，可以给人带来明显的幸福感与快乐感。对成人来说，休闲活动是指休闲时间内个体或团体在非工作区域根据自己的意愿从事自己喜欢的快乐活动；对未成年的学生来说，休闲活动是指个体或群体在上学、功课、家务之余从事自己感兴趣的课外娱乐活动。从一般意义上讲，休闲活动是个体或团体完成社会必要劳动时间之外所开展的活动，是人的生命状态的一种存在形式。而对于人的生命意义来说，它是一种精神态度，是使自己沉浸在“整个创造过程中”的一种机会和能力，它对于“人之所以成为人”有着十分重要的价值机会，并在人类社会进步的历史中始终扮演着重要的角色。例如，瓦特发明蒸汽机，就是他在休闲的时候从开水瓶塞弹出现象中得到启发的。现代休闲生活表明，美好的休闲环境、氛围与创意、创业有着十分密切的联系，如杭州的十大文化创意园区都是娱乐王国、休闲天堂、创意乐园！简而言之，休闲活动就是根据预设的目标在休闲时间内做自己喜欢做的活动的总称。

四、休闲园艺活动

休闲园艺活动（Horticultural Leisure Activities）是指个体或团体非工作因素在休闲时间内根据设计目标、预期效果自愿从事果树园艺、蔬菜园艺、观赏园艺、药植园艺及其组合园艺活动，以丰富业余生活、调节身心健康的非报酬性、趣味性快乐行动。

按照休闲园艺活动的内容形式，休闲园艺活动可分为选择园艺种子、整地、培土、播种、认识植物、起苗、植苗、选择盆器、上盆、浇水、修剪、施肥、松土、除草、移盆、搬运盆栽、换盆、转盆、采收果实或种子、造型、观赏园艺植物组合搭配、欣赏园艺植物、嗅闻园艺植物、触摸园艺植物、调理品尝园艺植物叶枝花果、苗木销售、园地游览等。

按照休闲园艺活动的程序，休闲园艺活动可分为园艺作业准备活动、园艺作业活动、园艺作业成果维护活动、园艺作业成果品赏活动等。

第二节　园艺作业疗法的概念及功能

一、基本概念

1914 年一位美国医生提出作业疗法（OT）。最初作业疗法可以理解为利用劳动来治疗疾病，其实质是应用包括游戏、运动、手工艺等有目的性的活动来提高肢体和脑的灵活性，从而促进人类的健康。劳动、运动和娱乐是作业疗法的基础。1994年，世界作业疗法师联合会如此定义作业疗法："作业疗法是人们通过具有某种目的性的作业和活动来促进健康生活的一种保健专业。"其内涵随作业科学的发展而更新，通常认为作业疗法是让患者参与经过选择与设计的、有目的性作业活动，使其尽最大可能改善和恢复身体、心理和社会方面的功能，以达到日常生活、工作、社会交往的独立性。可选择与日常生活、工作有关的活动或者工艺过程，也可以利用各种材料、工具、器械，指导患者进行训练，并产生某一特定效果。重点在于提高手的灵活性、双手与眼的协调性、动作的控制能力与准确性及工作耐力。目的是帮助患者恢复或获得正常的生活方式和工作能力，进一步消除身体障碍，促进康复。这里的正常的生活方式和工作能力包括生活自理能力，对外界环境的适应能力，工作、娱乐、社交活动时所需要的耐力。

作业治疗过程中要做到以下几点：作业活动应着眼于帮助患者恢复或获得正常的生活方式和工作能力；选择与设计作业活动时，必须符合患者需求，并随着治疗的不同阶段而调整作业活动能让患者感兴趣，使其能积极主动地参加；作业活动要能综合、协调地发挥躯体和心理及认知等方面的作用，使其功能得到最大限度的改善。所以说，作业疗法是患者由家庭重返社会的桥梁。

园艺疗法（Horticultural Therapy）是对于有必要在其身体以及精神方面进行改善的人们，利用植物栽培与园艺操作活动，从其社会、教育、心理以及身体诸方面进行调整更新的一种有效的方法。1976年英国园艺疗法协会（HT）成立，提出以园艺为手段，改善身心状态的活动及方法为园艺疗法。在日本，园艺疗法是指通过植物以及与植物有关的各种活动来改善身心状态，促进身体健康。园艺作业疗法（Horticultural Occupational Therapy）是指患者或亚健康人员通过积极主动参与园艺植物的栽培作业活动，从而达到调理人体生理机能、愉悦心理状态，并改善人体体能的一种有效的活动与方法。

二、 园艺作业疗法的疗养功能

（一） 园艺植物种植作业疗法

1. 园艺植物种植作业疗法的常用工具材料和代表性作业

常用工具包括花盆、铁锹、耙子、铲子、洒水壶、小枝剪、喷雾器、水桶、手套、镊子等；常用材料包括营养土壤、花泥、花木、种子、肥料、农药、水等；代表性作业活动包括园艺植物的播种活动包括场地准备、花泥和土壤的准备、种子的挑选、种子的清洗和消毒、挖土、播种、覆土、保湿、场地清理等过程。

2. 园艺植物种植活动的分类及植物养护

（1）园艺植物的地面种植活动　包括种植前准备、场地准备、翻土、改土、施肥、拌土、整地、挖穴、起苗、种苗、培土、浇水、定苗、场地清理等过程（图5-1）。

（2）园艺植物的盆栽种植活动　包括场地准备、盆土准备、培土、起苗、上花盆、搬花盆、摆花盆、浇水、定苗、场地清理等过程（图5-2）。

图5－1　有体力人士室外种植作业

图5－2　老年人和行动不便者室内种植作业

（3）园艺植物的养护活动　包括换花盆、搬花盆、移花盆、松盆土、追施肥、浇水、修剪、造型、喷药、除杂草、防冻保暖等。

3. 园艺作业活动的调整

（1）工具的调整　尽可能根据作业活动参与对象的情况来选用、调配最恰当的工具，如通过调整铲子手柄的材料质地和角度来调整使用工具的难度，或者使用特殊的水壶来方便无法抓握的患者浇水等。

（2）姿势的调整　根据作业活动参与者的身体情况来合理配置作业台面，以方便参与者作业。如需考虑患者站立位或坐轮椅种植园艺植物；如场地比较远，需要患者步行至目的地再进行种植活动，需要考虑作业场地的可达性、安全性、可控性。

（3）活动内容的调整　根据患者的身体情况和作业训练目标要求，合理确定是否需要完成整个种植过程抑或只需完成其中的某几个项目内容。

4. 开展园艺作业活动需要注意的事项

（1）部分园艺作业工具如铁锹、花铲、小枝剪比较锋利，因此需要对有攻击倾向的患者进行专项内容设计，应避免作业内容中使用锋利工具以免发生意外。有自伤和伤人者慎选此项活动内容。

（2）园艺作业场地的地面通常都需要一定的粗糙度，以便平衡和步态功能不佳的患者自然行走，预防其摔倒。

（3）园艺作业活动中需要种子时应尽量选取一些经济价值较低、安全、无不良刺激的园艺植物苗和种子，避免不必要的浪费。

（4）对初学者和情绪控制欠佳者不宜选用名贵园艺植物进行训练，以免造成不必要的成本和材料损失。

（5）注意不同植物对阳光的需求和控制。

（6）需要注意对作业园艺植物的后期管理和维护，根据植物的需要控制好浇水量和时间。

5. 园艺植物种植活动的治疗功能

种植园艺植物对人体有直接的治疗功能，主要能够发挥以下直接的治疗功能：

（1）改善园艺作业活动参与者上肢的关节活动度。

（2）改善园艺作业活动参与者座位（如坐轮椅的患者）或者站位平衡和协调能力。

（3）改善园艺作业活动参与者上肢的肌力。

（4）改善园艺作业活动参与者的耐力。

（5）改善园艺作业活动参与者的心肺功能，调节血压。

（6）缓解园艺作业活动参与者的疼痛感。

（7）缓解园艺作业活动参与者紧张、躁狂的情绪。

（8）改善园艺作业活动参与者的注意力，培养创作激情，增加活力。

（9）增强园艺作业活动参与者行动的计划性，增强责任感，增强自信心。

（10）提高园艺作业活动参与者的职业技能，培养良好的职业习惯，促进再就业。

（11）增加园艺作业活动参与者的社会参与性，提高社交能力，增强重返社会的信心，增强公共道德观念。

（12）美化环境，净化空气，促进社会对残疾人士、老年人的了解和尊重。

（二）园艺欣赏作业疗法

一般来说，欣赏园艺作业成果无须特别的工具，如果需要远距离游赏，需要携带轮椅，并且提供合适的中途休憩停靠场所。

1. 代表性欣赏园艺作业活动的内容

（1）园艺植物欣赏　不同颜色的园艺植物给人不同的体验，红色园艺植物让人兴奋，白色园艺植物让人觉得宁静和祥和，绿色园艺植物让人觉得轻松愉快。如向日葵常给人积极乐观的体验，玫瑰给人浪漫热烈的感觉，桂花让人觉得清香怡人等（图 5－3）。不同形状的园艺植物给人不同的心理感受，垂直线条感觉挺拔有力，圆形感觉圆润有张力，柱状体感觉挺拔险峻。

（2）游园活动　可采用集体游园的形式训练患者的步行能力和驱动轮椅的能力，增强患者的耐力并改善社会参与和沟通能力。

图 5－3　园艺植物的欣赏特征

2. 欣赏园艺作业成果活动的调整

（1）场地的选择　室内、康复中心专门的园艺场所，适合活动不便的患者欣赏，希望增加活动范围和有耐力的患者，可到室外远一些的场地进行活动。

（2）辅助程度的调整　根据患者开展欣赏活动时的群体性及出行距离来考虑是否调整或需多大程度调整辅助程度，如考察患者是独自去场所欣赏，还是只在病房里欣赏一下室内的花卉，还是乘坐轮椅去室外欣赏，有无他人的辅助等因素。

（3）活动时间的调整　患者持续欣赏的时间长短取决于其功能水平的高低，尤其是对耐力、注意力等方面的要求比较高。

3. 欣赏园艺作业成果活动需注意的事项

（1）户外活动时，要注意温度，尤其是那些有体温调节障碍的患者，不要因为温度的过冷过热对其产生影响。

（2）在户外进行园艺植物欣赏时，要注意选的地方不要太远，以方便患者有情况及时返回。

（3）不要选择有危险隐患的地方，如有特别陡峭的山坡，或地势特别不平的地方，这时就需要调整。

4. 欣赏园艺作业成果活动的治疗功能

（1）增强心肺功能，提高耐力。

（2）舒缓情绪，激发热情。

（3）增加社会参与性和人际沟通能力。

（三）园艺植物材料工艺制作作业疗法实例

1. 园艺植物材料工艺制作过程

以酢浆草蝴蝶结为例。

常用工具包括镊子、钩针、针、大头针、结盘或插垫、剪刀等。

常用材料包括线、强力胶、各种玉石、金银、陶瓷、珐琅等饰物。

酢浆草蝴蝶结制作方法：①编一个三耳酢浆草结；②用右线做第 2 套，穿入第 1 套中，形成第 1 耳；③做第 3 套，穿入第 2 套中，形成第 2 耳；④单线穿第 3 套、第 1 套，钩住第 1 套后返回；⑤编第 2 个酢浆草结；⑥左线用同样的方法编第 3 个三耳酢浆草结；⑦左线穿入第 3 个三耳酢浆草结的外耳中；⑧左线变成二耳酢浆草结；⑨右线用同样的方法编二耳酢浆草结；⑩用双线头编结法编一个三耳酢浆草结，最后调整蝴蝶的大小、形状和松紧度，使其更加美丽（图 5－4）。

2. 园艺植物材料工艺制作特征

（1）工艺操作简便，不需要特定的场所和特殊工具。

（2）绳编工艺无污染、无噪声、安全可行。

（3）可根据作品的大小、花样难度的变化进行分级。

（4）易于作业疗法开展。

（5）产品丰富多彩。

3. 园艺植物材料工艺制作应注意的事项

（1）需要洗净双手以免污染线、绳等。

（2）编结时用力要均匀，避免因用力过大或过小影响作品效果。

（3）钩针不可太尖锐，以免把线钩伤，产生起毛或出絮的现象，影响美观。

（4）固定线绳所使用的大头针应注意统计数量，避免造成危险。

（5）开始编结前，一定要预留足够长度的线绳。

4. 园艺植物材料工艺制作的治疗功能

（1）促进手指灵活性及握持动作的协调性。

（2）维持和改善肩、肘关节活动范围。

（3）增强和改善上肢肌力和手指握力。

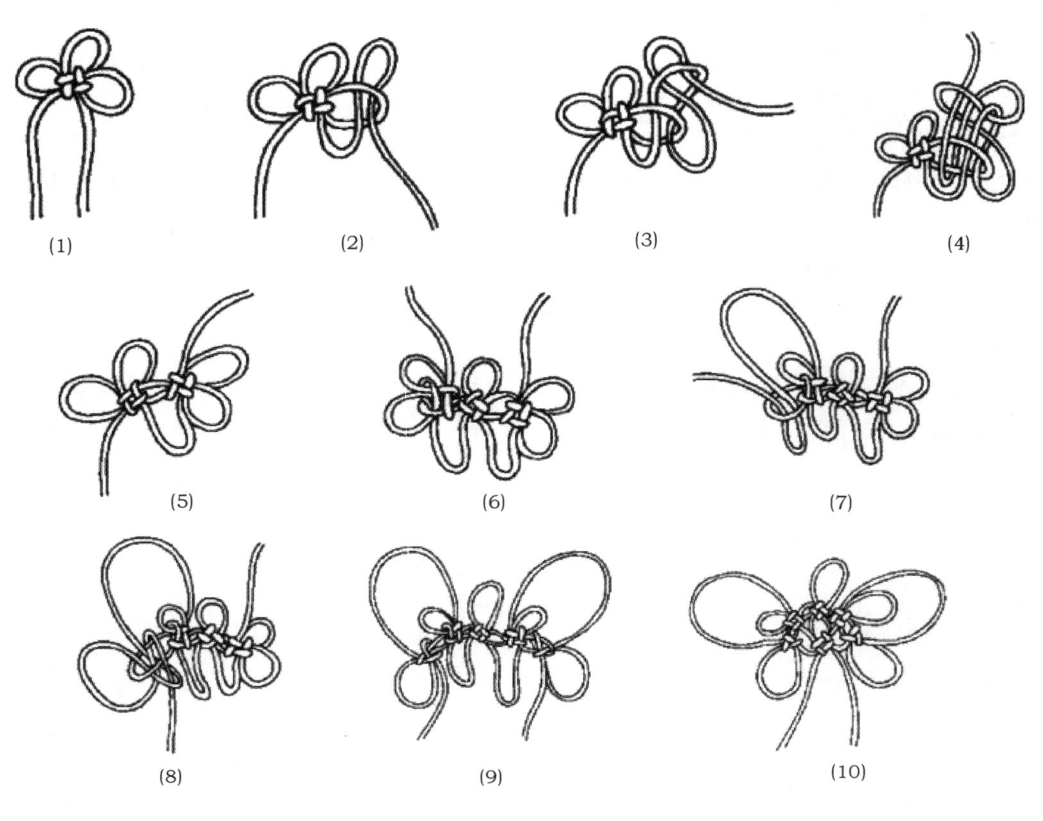

图 5－4　酢浆草蝴蝶结的制作步骤

（4）改善双手和脑、眼协调能力。

（5）改善理解力，发挥创造力。

（6）培养耐心及专注力。

第三节　园艺作业疗法活动空间设计

一、园艺作业疗法活动空间特征要求

（一）无障碍性

老年人身体各项机能逐渐退化，据调查，31%的老人在日常生活中需使用拐杖、轮椅等行走辅助工具，而在疗养或者医疗类养老中心中，这一比例会更高。另外，参与园艺作业活动的身体残疾人士也需要借助轮椅等辅助工具出行。园艺作业活动场地须强调无障碍设计，这是充分考虑到老年人、残疾人士的现实需要，旨在配备能够满足这些作业参与者要求的服务功能，营造人性化的作业环境。园艺作业活动空间应尽可能宽敞，留有足够的出行通道，方便轮椅通行。地面需平整并有一定的粗糙度，保证坡度较缓，有高度差处采用带扶手和栏杆的无障碍通

道。同时，园艺作业活动中心的操作桌椅等设施也应适合老人身高，考虑行走辅助器具，如轮椅等的摆放。

（二）便捷性

遵循园艺作业参与者生活的便捷性原则，保证不同活动区域的围合性，缩小不必要的通行距离。进行园艺作业活动时，要考虑到老人不便进行弯腰、踮脚等动作，种植槽的位置要设置合理，工作台的高度要适中，保证园艺作业参与者能轻松拿到操作工具，方便取材。同时，需要在园艺作业活动区域设置休息椅，方便园艺作业参与者在园艺作业活动操作劳累时进行休憩。另外，运用鲜艳的色彩、灯光等为老年人创造可识别性强的空间，以确保老年人便捷清晰地进行园艺作业活动。

（三）开放性

老年人在入住养老机构的适应期中，社交障碍是主要的心理问题。调查显示，43%的老人给养老机构的第一印象就是孤独。因此，如何为老年人创造一个能尽快融入新环境和圈子的空间尤为重要。无论是室内还是室外园艺作业活动，应多强调群体导向性。同时，注意凸显空间设计的多样化，设置开放空间，为老人的园艺作业活动营造活跃、温馨的空间氛围，帮助老人更多地走出来，再次感受阳光的温暖。

（四）积极性

身体机能下降、激素分泌减少，不可避免导致老年人情绪易波动，产生消极的悲观情绪，这就对养老机构中的景观设计和布局摆设提出了要求。自然柔和的视觉布置，在冬季，更是可以通过阳光普照的环境来吸引老人，让老人通过进行较简单的园艺作业活动，增强信心，提高自我控制能力，改善生理状况带来的消极情绪。

（五）怡人性

作业活动空间应避免车辆通过，远离噪声，最好不要建在闹市区，多增加一些自然景观的元素。步行区域根据园艺作业参与人的行走速度、走动的规律或行为习惯来设置安全的、舒适的、直接的、无障的捷径，一方面可以顺应作业参与人员的通常习惯穿行方式，以便于设计最理想的作业空间和布置最合理的作业台面，另一方面可以将作业参与人在到达作业点时遇到的行走障碍减少到最小，让参与人可以通过最短、最直接的路线到达目的地。

（六）疗养性

合理发挥园艺作业空间的潜在记忆激发功能，以满足作业参与者在作业体验过程中对其实施记忆激发的要求。作业空间的环境装饰设计最好能体现环境生态保护思想，体现环境生态心理学原理，最好能根据作业参与人的病理特点以潜在功能植物来装饰作业环境，润物于无声。也可以根据作业参与人的情况播放合适的疗养音乐，进行辅助治疗。

二、园艺作业疗法活动空间设计

（一）医疗区域园艺作业疗法空间设计

医疗区域的疗养人多为住院休养者，长期卧床者、轮椅使用者和助行器使用者较多。作业园艺空间的设计环境应偏视觉化，不适宜过于开放和喧闹，园艺作业活动的设置也应注意工作强度。因此从医疗区附近僻静处选取两片区域，作为区内的园艺产品制作园。园区的景观元素尽可能丰富，而安排在僻静处，是为了保证老人能不被打扰地专心制作园艺产品。另外，以半径5米左右的简单半圆形铺装，在园内隔离出老人的活动场地，放置操作台、长椅及储物柜，方便老人自由存放操作工具及制作的园艺产品。同时，铺装周围以植物环绕，因地制宜地种植植物，可以常青植物为主，伴随开花的落叶植物，让老人在自然愉悦的环境中工作。

（二）公寓型疗养区园艺作业疗法空间设计

公寓型疗养区适宜短期疗养、养老，区域内设置护理中心，其四面设草地围绕，养生人可以自行或三两结伴于此区域散步，放松身心。区域内设置单独的花草种植园，为区域内的养生参与者尤其老人提供活动空间，一起参与园艺作业活动。种植园旁设置人工水池，地板采用透水糙面材料，合理设置种植池的高度，以便作业操作。种植园区域设置休息区平台，休息区设造型景观亭或太阳伞，种植或护理花草感到疲惫时，养生参与者可在此稍作休息。同时，在种植园区域可设置组合型的树池和木平台，老人可在树池内种植各色园艺植物或者靠在木平台上观赏园内景色。

（三）村舍式养生住宅区园艺作业疗法空间设计

村舍式养生住宅区主要提供较高档的养老养生服务，在此居住的疗养人，一般居住时间相对较长，身体状况良好。住宅区可设立蔬菜种植园，让养生人体验从整地、播种、浇水、施肥等完整的全身性综合活动。另外，下地劳作带来的疲劳感可加快疗养人进入睡眠，使其精力更加充沛，对消除老人的不安情绪起到积极影响，另可增强老人的活力与注意力。在区域内也可设计果树种植园，通过合理设置景观与植物，引导养生人来此进行适度的采摘、维护活动。园内列植当地适合的种植果树，同时整个区域设置廊台，在采摘完成后，可进入廊台品尝新鲜采摘的果实，或现场制作水果沙拉，体力较好的养生人还能在此继续进行体育锻炼，一起享受丰收、汗水劳作后带来的愉悦。

（四）高级养老区园艺作业疗法空间设计

高级养老区为在此长期养生养老的老人及其家庭提供休养生息的生活环境。高级养老区的疗养老人、养生者身体状况普遍良好，不少老人还精神矍铄。整个养老区可参考普通小区建设，四周以绿地植被环绕，作为日常活动、散心的场所。在养生区块设置一作业空间，四周围以造型绿篱，作为区内园林小品制作的园艺作业活动空间。区域内可设置较大型活动场地，花篱环绕，两侧设置木平台带遮阳伞，养生人可在此享受日光浴、制作园艺产品。区域内设置的绿篱制作园则以规则的绿篱环绕，养生人可在此进行绿篱修剪作业，疲惫时，可以在四周设置的座椅和抬高水池旁小憩。

第四节 园艺作业疗法活动设计

一、明确园艺作业疗法参与对象

园艺作业活动适合所有人，既有利于身体正常者保持强健的身体状态，也有利于身体亚健康者修复好身体状态，最终成为身体健康人士，更有利于如智障人士、高龄老人、残疾人士、精神病患者等身体异常者疗养、调理好身体，直至恢复身体机能至较好状态，甚至正常状态。

对于身心正常者可以自主享受园艺作业活动的效果；对于身心有某种障碍、需要一定程度保护的作业活动参与者来说，多不能自发自主进行园艺作业活动，需要在园艺作业疗法工作人员指导下进行园艺作业活动，进而享受园艺作业活动的疗效。

二、 设定合适的园艺作业疗法目标

对参与园艺作业疗法的对象身体情况进行评估，明确参与者的基本情况，通过参与者本人、家庭、接受治疗的医院或养老机构或福利中心收集相关信息，汇编成参与者明确的基本情况资料以及治疗实施情况的文件资料。通过评估参与者的疾病情况，摸清参与者具备的能力及缺陷、生理障碍，据此设计能达到的最终目标以及长期、中期、短期目标。为了科学设定好园艺作业疗法目标，组织者应具有社会福利、医疗、疗养康复与心理学等方面的知识。为了达到预设的疗养效果需要设计好合适、恰当、科学的园艺作业疗法内容。通常让园艺作业参与者在某种自然环境中放松身心，共同操作，学习在一种轻松的环境氛围下如何与别人相处，培养照顾另一个生命的责任感，了解个人与自然的关系，感受植物凋萎的失望，增进生命的挫折容忍力，并培养种植过程训练参与者的职业技能、沟通能力、社交能力、独立能力及情绪控制能力等。

三、 园艺作业疗法体验

（一） 作业活动场地的准备

（1） 位置　容易亲近、容易从室内看到、有水源和电源等。

（2） 大小　场地大小不受限，小场地可以使用组合盆栽，但需要保证每一位都能有最基本的作业面、作业活动空间。

（3） 光照　每天光照时间是否低于 6 小时，或明确场地是否需要遮阳。

（4） 地面　是否存在有安全风险的斜坡，铺装地面是否有较好的防滑性能，是否有易使人受伤的尖角、锐角等。

（5） 土壤　土壤结构及营养是否符合要求，是否达到良好级别，是否需要使用盆器来替代。

（6） 现状　对场地现状进行全面分析，明确调查现有的景观元素是否需要保留。

（7） 花坛　高度是否正确、合适，是否符合顾客需求（小孩及膝，轮椅 60 ~ 80 厘米，老人垂直）。

（8） 规则　制定场地作业使用规范、要求及开放时间。

（二） 作业植物素材与工具的准备

1. 选择合适的植物材料

作业植物包括：①刺激五官或第六感的植物；②奇奇怪怪的植物；③蔬菜类植物；④水果类植物；⑤观赏植物。

从以上植物种类中筛选合适的园艺植物。对精神忧郁的参与人宜选用发芽和成长快的植物，通过植物生长的不断变化来恢复参与人的自信心、满足感、存在感等，消除心理障碍；对身体功能障碍人士来说仅选用一年生草本植物显然不够，为了树立长期与残疾斗争的决心，最好能将生长快与生长慢的植物都选用进来，同时还要与社会活动相结合，使病人认识到自己存在的价值。由于药草容易栽培，能刺激五官，而且药草可加工成药材、香袋、化妆品、调味品、染料等绿色产品，很受市场青睐，给参与人产生很大的精神鼓舞。

2. 选择适宜的园艺工具

（1）尽可能充分利用多样化的盆器，如塑料、纺织、陶瓷、石头、木头等。

（2）尽可能回收利用废弃物，做到每件废弃物在被丢弃前先想想是否可以重复利用。

（3）可以利用吊盆来营造特异景观。

（4）看看是否还有其他的合适操作工具可以利用。

（5）配制营养土，可用于配制盆栽培养土的材料有树皮、陶粒、煤渣、腐叶土、珍珠岩、泥炭、砻糠灰、山泥、木屑、椰糠、炭块、醋渣等。

（三）园艺作业疗法活动内容设计

主要包括培土、育苗、移栽、盆栽、管理等方面的作业内容，具体有室内与室外之别。室外作业内容主要有播种、扦插、移植、除草、浇水、施肥、收获、花坛制作等内容，室内作业内容主要有植物标本制作、插花艺术、脱水花卉、分株、上盆、浇水、管理、花篮花环制作、香袋制作等内容。

作业强度有重体力劳动与轻体力劳动之别。所设计的作业活动必须是轻微的、参与人最容易做到的，作业活动的效果重在于活动过程本身，而不是最终产品。

作业内容因人而异，特殊个体区别对待。根据作业设计内容实施园艺作业时，应充分考虑每一个参与者的情况选择最合适的作业内容，在其体力与集中力范围内应尽量让参与者亲自动手，指导人员只是旁边指导示范，不能代劳，否则作业体验效果会大打折扣。另外，指导人员在组织时需尽可能了解好每一个参与人的能力与兴趣，应尽可能让参与人快乐、积极配合完成相应的操作过程。

第五节　休闲园艺作业疗法的介入应用

一、园艺作业疗法对精神分裂症患者的介入应用

（一）被介入的精神分裂症患者的特征

在已有研究中，研究者在纳入研究对象时除考虑年龄因素外（入选 >18 岁患者），还考虑到患者的病程、病情稳定程度及体能等，多选择病程较长（至少 2 年以上），病情稳定，体能可以适应园艺作业活动的患者。

（二）园艺作业疗法在精神分裂患者中的干预方法

目前，开展园艺作业疗法研究设有三类，分别为：对照组患者只单纯接受抗精神病药物治疗，干预组药物治疗合并园艺作业疗法；对照组患者接受药物治疗和常规工娱治疗如自理训练、康复活动训练、打乒乓球、打扫院内卫生等，干预组接受药物治疗和园艺治疗；对照组患者接受抗精神病药物治疗和常规工娱治疗，干预组在此基础上给予园艺作业疗法。

1. 干预时间

研究中以花卉植物种植为主的园艺作业活动干预时间较短，为 2 ~ 3 个月，以农果菜蔬种植

为主的园艺作业活动干预时间较长，为3~24个月。国外研究以农果菜蔬种植活动为主，干预时间在0.5~6个月。国内学者指出，栽培花卉者，自开始栽培至花开盛期为1个观察周期（3个月左右）；选择盆景制作者，从整枝开始到艺术定型期为1个观察周期（2~3月）。在干预期间，有研究者给患者制订每周5次，每次60~120分钟的园艺作业活动；有研究者制订每周3次，每次90分钟的园艺作业活动等。有国外学者制订了干预组患者在2周内参加10次不同主题的园艺作业活动；还有学者制订了10次植物培育活动，每周1次，每次120分钟；另有学者为干预组制订每周2次，每次60分钟的园艺计划。

2. 干预方法

进行园艺作业疗法干预要有种植的场地，可室外，可室内，并有相应的设备设施，如花盆、铁锹等，种植的种类可以是观赏性植物也可以是可食用的果蔬，若资源丰富可给每位患者分得属于自己的耕种面积，如在诸顺红等的研究中平均每人耕种面积0.5平方米。干预过程需要护士、园艺师或经过园艺治疗培训的二级心理咨询师、康复治疗师等人员参与。

干预方法可分为两个类型：纵向干预和横向干预。纵向干预即每个患者参与自己所种植物从发芽到收获整个过程，一直伴随着它成长；横向干预指患者以团队小组的形式，共同参与、分工合作完成多种多类的园艺作业活动。花卉植物类的园艺作业活动多采用纵向干预，果蔬类的园艺作业活动多采用横向干预。

根据已有研究，纵向干预的过程可总结为五个步骤：①团队建设、自选种子：介绍园艺作业疗法，认识团队成员，告知注意事项，参观各种植物，针对患者的实际情况以及不同喜好，为其选择和准备好种子；②栽培前学习：进行理论知识培训，熟悉各种常规园艺操作，由护士组织园艺师讲解，使患者了解基本种植技术如种子种植、扦插繁殖、花盆种植等。从育苗及栽种幼苗起，均由患者全程负责施肥、浇水、剪枝、除虫等相关管理养护工作，即要包种包活，并为其所种植的花卉标注好患者姓名及栽种日期等；③栽培中指导：邀请园艺师，并由护士组织患者定时到花圃或果蔬园进行作业培训，为患者详细讲解种植花卉的目的、方法以及基本注意事项，然后引导患者种植、修剪、施肥、浇水等，花卉的具体造型由患者自行确定；④心理干预：贯穿开始栽培到成果收获的每一次活动中，由护士、园艺师、心理咨询师积极针对患者具体情况予以鼓励和指导，及时发现患者不良情绪等症状，给予治疗护理、情感引导和信息支持等，提升其依从性和信心；⑤总结与交流：每次结束前10分钟组织茶聚，患者互相交流心得体会，互相点评，园艺师做总结。在观察期满后，组织患者展示成果、品尝收获的果蔬，交谈经验，并针对患者具体情况进行组织测评，以会议方式进行总结，并给予适当精神及物质奖励。

横向干预方法无统一步骤，干预内容大致相同，即一些基本园艺作业活动，如种植，施肥等，但组织形式各异。

在国外，Kam等在两周工作日内举行连续10次的园艺作业活动，每次都有相应的主题和目标，每次开始都有引导和热身，然后是园艺作业活动和小组分享。所有的园艺作业活动都发生在农场的5个户外主题花园，即感官园、活动花园、农场花园、陈列园和实用园。如在感官园介绍使人放松的草药并绘制和识别不同的草药；在活动花园做稻草人等；在农场花园练习浇水和施肥；在陈列园参观和介绍温室；在实用园介绍有机农业。每次活动有对应的分享主题，如回顾生活故事和成功应对生活事件；分享有关饮食自我管理的策略；分享他们的希望、愿望和未来等。Vardanjani等为患者设计一些与患者能力成正比的简单农业活动。把土地分成若干部分，每一部分都种植特定的蔬菜，如黄瓜、番茄、辣椒和茄子。组织患者分组进行一些园艺作业活动，如耕地、除草、松土、播种、浇水、收割等，最后将所得产品供住院患者食用。高云等组织4节课活动，内容包括种植种子，引导患者盼望新的开始；学习基本的种植技巧，提升患者的认同感及自我效能感；学习扦插繁殖技巧，认识植物繁殖的方法；享受收成，增加患者满足感及自我成就感。每节末段加入茶聚，与参加者分享感受，每节之间患者维持原来生活，植物由园艺师负责照料。在横向干预过程中观察患者的社会协作状况，引导患者在工作中相互协作及激励，当其有进步时，应采用正强化法，及时给予言语表扬等精神奖励和适量食品等物质奖励。

（三）园艺作业疗法对精神分裂症患者的康复效果评价

生活质量是评估精神分裂症患者精神损害程度和治疗效果的重要指标之一，国内学者通过精神症状程度、生活自理能力、社会适应能力等方面反映住院精神分裂症患者的生活质量，评价园艺作业疗法的效果，主要采用简明精神病评定量表（BPRS）、精神病患者护理观察量表（NORS）、住院精神病患者康复疗效评定量表（IPROS）、住院精神病患者社会功能评定量表（SSPI）测评。国外主要采用精神分裂症状（PANSS）测评，其他量表的选择与国内较不一致，如抑郁焦虑量表21、一般自我效能感量表、个人幸福指数、工作行为评估、症状自评量表、人际关系转变量表、自尊量表、社交技能量表、社会行为量表、无力感量表等。此外，在量表评价的基础上，还通过访谈或问卷调查法来获得患者直接感受。

（四）园艺作业疗法对患者症状程度的影响

1. 对精神分裂症患者精神症状程度的影响

园艺作业疗法是一项休闲活动，有积极意义且可以有效建立良性刺激，达到镇静效果，促进大脑功能的恢复。国内研究和国外研究均表明通过园艺作业活动，患者的阴性和阳性症状及精神残疾的严重程度得到缓解。在国外，Eum等选取55例患者分为两组，发现园艺作业活动可提高患者自我效能，减轻患者的精神症状。Kam等通过情绪自评量表（DASS）21测评，Son等通过症状自评量表（SCL－90R）测评，均发现园艺作业疗法还可显著降低患者的焦虑、抑郁、压力和人际关系敏感度；高云等使用DASS21和一般自我效能感量表（GSES）测量虽发现两组之间抑郁、焦虑症状的差异不显著，但临床观察到干预组中部分患者前后得分有明显差异，抑郁、焦虑症状在部分患者中确实得到减轻。Lysaker等在他们的研究中指出，更多的幻觉、孤立、抑郁、无望以及不适当的功能与较高的焦虑水平有关。因此，园艺作业活动也可通过减轻患者的焦虑和忧虑、抑郁症状达到改善精神分裂症患者的精神症状的目的。此外，通过高云等在活动后意见问卷调查的结果以及Kam等对患者的半结构式访谈结果中可知，患者从主观方面享受园林环境并感到快乐，认为与大自然有了更多的连接，对植物的敏感性增加，产生了更加积极的情感，有助于自身情绪的管理，肯定了园林疗法的效果。总之，园艺作业活动促进精神分裂症患者与现实生活的接触，通过转移注意力从而转移患者的病理体验，让患者看到生命的美好和希望，避免意志活动的减退，减少或控制其妄想、幻觉等症状的强度、频率。

2. 对精神分裂症患者生活自理能力的影响

园艺环境作为一种恢复性环境，使患者置于一种美感或忘我境地，正向强化了患者参加康复活动的积极性，通过做一些园艺方面的肢体活动，一定程度上促使其康复。研究发现，园艺作业活动有助于调动患者参与活动的兴趣，从而有效唤起患者对生活的兴趣，改善患者始动性缺乏的表现，矫正其生活懒散、不讲卫生、不懂礼貌等的不良行为，提升生活兴致以及促进良好行为的有效养成，帮助患者有效建立乐观、积极的生活态度等。园艺作业活动难度低，学习快，易掌握。Kam 等指出，园艺作业活动可帮助患者建立自信心，改变他们无精打采的生活方式，对恢复患者精神疲劳也起到重要作用。班瑞益通过 NORS 测评发现，园艺作业疗法充实了精神病患者的住院生活，通过每天浇水、剪切、施肥或艺术盆景制作等反复的强化训练，对改善患者生活自理能力等方面有一定帮助。

3. 对精神分裂症患者社会功能的影响

研究已证明，认知行为治疗可改善慢性精神分裂患者社会认知能力，提高自我效能和社交能力水平。园艺作业疗法作为行为治疗的一种，有一套精细的活动流程，可激发患者潜在精神活动能力以及社会劳动技能，激发患者思维、意志、协调能力，体现自身价值，加强患者归属感、责任感及成就感。有研究通过 SSPI 测评表明，园艺作业活动组患者的社会功能康复情况明显好于对照组。汤景文等更进一步表示园艺作业活动会使残留期患者的恢复更早、效果更好，但对衰退期患者虽有一定效果，但明显较残留期差，恢复较慢，因此认为实施园艺作业疗法应坚持早期、系统和持续的原则，避免患者出现精神衰退。国外 Son 等通过人际关系转变量表、自尊量表、社会行为量表测评，Kicheol 等通过社交技能量表和无力感量表测评，发现通过园艺作业活动患者在人际关系、自尊感、社会行为方面均得到明显改善，患者的自我定位、自我认同及社会认同和社会适应能力均有提高，社交技能方面有所改善，减轻了患者无力感。Kam 等使用 WBA 测量患者工作绩效，虽发现实验组与干预两组间工作行为差异不大，但在访谈中，许多患者表示园艺作业活动帮助他们改善了工作动机和表现，改善了社会技巧，扩大了社会交际网，使其有被尊重感。同时患者自身也认为园艺作业活动使他们获得了园艺方面的技能，增加了对园艺方面的认识。

4. 对精神分裂症患者生理指标的影响

年龄、病程以及长期服用抗精神病药物均会增加精神分裂症患者发生肥胖与代谢综合征的风险，其又会促发心血管疾病发生。研究显示，住院精神分裂症患者未来 10 年发生心血管疾病的风险显著高于健康人群，因此会严重影响患者结局。园艺作业疗法是轻度体力劳动和轻度脑力劳动相结合的康复方法，治疗过程中通过一定强度的弯腰、下蹲、站立、行走、全身运动等能促进患者进行有氧运动。诸顺红等通过测量基线、6 周末、12 周末两组患者腰围和体重，测量基线、4 周末、8 周末、12 周末两组患者甘油三酯和空腹血糖值，发现不论服用何种抗精神病药物，合并园艺组患者的腰围自身前后比较明显下降，而对照组患者的腰围却有上升趋势；但其余指标受园艺作业活动影响不大，可能与随访时间过短无法体现有关。刘燕等研究发现，肥胖指数、血脂紊乱、高血压、高血糖均与腰围相关，并指出在照护长期住院的精神分裂症患者时，精神科医务人员应多关注腰围变化。因此，虽然在诸顺红等的研究中，体重、空腹血糖和甘油三酯在 3 个月合并园艺的治疗中无明显变化，但腰围的明显缩小对于降低精神分裂症患者的代谢紊乱仍有意义。因此，对于长期住院的慢性精神分裂症患者来说，园艺作业活动是非常简单易行的有氧运动，有利于降低代谢综合征发生的风险。

园艺作业活动作为一种替代疗法，虽属于自然环境却也提供了一个社会环境。在这个环境氛围中，园艺营造出一种平和感，其中的希望、认同、凝聚力、人际学习以及利他主义等的群体治疗因素均会作用于患者，从而改善精神分裂症患者的精神症状，减轻患者的生理、心理、情绪和社会等方面的问题。

（五）园艺作业疗法在精神分裂症患者中应用时存在的问题

1. 对场地和客观环境要求较高

虽然园艺作业疗法简单易于实施，但对场地和客观环境要求较高，对于某些医院尤其是位于城市中心的大医院，一方面可能受环境场地的限制，另一方面可能由于患者人数较多导致难以开展。针对此问题，可简化园艺作业活动，组织室内园艺作业活动，每个患者培育花卉植物放于床旁桌，并提供一间专门的园艺培育交流室供患者学习交流。

2. 受季节限制

园艺作业疗法涉及植物的成长，有些园艺作业活动会受季节限制，当天气转冷或园艺作业活动的内容没有进一步更新时，患者的动力也会下降。针对此问题可根据季节选用不同的花卉或果蔬品种，但同时又会带来新问题，不同的季节植物表现出不同的生长模式，园艺作业疗法的标准化可能会有一定的影响。

3. 管理较困难

一些户外园艺作业活动的管理相对较难，要考虑到患者的安全及是否存在外逃风险等，因此要在严格掌握患者适应证的前提下实施。在实施过程中，蔡广超等发现随着时间的延长，一些患者对园艺作业活动的兴趣有所下降，有些年龄偏大的患者会出现偶尔的中断或参与时间的减少，在进行到6个月时，发现患者 SF－36 各项因子评分较 3 个月时有所下降，但下降不明显，与未干预时相比，仍有显著差异，说明园艺作业疗法对患者可能有较为持续的作用，但 SF－36 各项评分随着时间延长所呈现的下降趋势，有待进一步证实的同时也为未来园艺作业疗法的长期干预带来了考验。针对此问题应对不同患者选用不同品种或园艺作业活动，如农村成长的患者由于对果蔬较熟悉，可给予花卉植物培养的园艺作业活动，而在城镇成长的患者可能对果蔬的生长更感兴趣。另一方面，由于疾病本身的发展，患者智能、学习能力、情感等方面的减退可能会给园艺作业疗法的多样性和持续性提出更大的挑战，其治疗的远期效果也有待进一步探讨。

二、 园艺作业疗法对阿尔茨海默病患者的介入应用

（一）被介入的阿尔茨海默病患者的特征

阿尔茨海默病是以认知功能丧失为主导的进展性脑综合征，疾病初期通常表现为近期记忆障碍，随着疾病的进展，远期记忆也会受到严重损害，此外还伴有活动能力下降，日常生活行为、社会行为或个性改变。2016 年国际阿尔兹海默病协会（ADI）的调查数据显示，全世界约有 4700 万阿尔茨海默病患者，预计到 2050 年阿尔茨海默病患者将达 1.31 亿人。阿尔茨海默病严重影响患者及其照顾者的身心健康和生活质量，但临床上尚无有效的治疗方法，且药物治疗容易产生一系列不良反应，如加速认知衰退的进程，增加锥体外系症状和跌倒的风险。临床实践指南提倡，应重视使用非药物疗法管理阿尔茨海默病。对于阿尔茨海默病患者，大部分时间是在家里或长期护理机构度过，远离自然环境在一定程度上会恶化其功能状态、诱发负性情绪、剥夺有益刺激等。

（二）园艺作业疗法在阿尔茨海默病患者中的干预方法

介入阿尔茨海默病患者的园艺作业疗法是治疗型园艺作业疗法和社会型园艺作业疗法的结合体，多运用于阿尔茨海默病中心或养老机构，以改善阿尔茨海默病患者的生活质量，减轻疾病带来的痛苦。

干预方法一般分为结构化干预和非结构化干预。

1. 结构化干预

结构化干预程序是受过培训的专业人员使用植物作为媒介，以结构化的步骤来指导阿尔茨

海默病患者进行园艺作业活动，其最常应用的是植物栽培，具体实施步骤包括以下几个方面：

（1）让阿尔茨海默病患者选择自己喜欢的植物种子和花盆并种植。

（2）观察籽苗，给土壤浇水、施肥、松土、修剪、根据植物的需要调整光照量等。

（3）然后设计相应的感官刺激活动（如引入不同种类的鲜花进行嗅觉刺激，并通过花卉的颜色与其他熟悉的颜色相联系；区分和比较植物不同大小和形状的叶子，讨论具有相同形状的其他物体；提供包含各种植物图片的视觉刺激，与过去的活动相联系；展示和品尝各种各样的水果蔬菜，联想过去的味道和不同的烹饪方式等）。

（4）分享参与者种植的植物，相互进行经验交流，增加满足感和自我成就感。

每次活动开始前，专业人员向参与者致意问好，并简要介绍本次活动的计划；活动期间，专业人员鼓励参与者讨论参与活动的感受；活动结束后，专业人员对参与者的参与表示感谢，并提醒下次活动的日期和时间，祝他们生活愉快。

2. 非结构化干预

非结构化干预是一个更开放的项目，没有具体的程序，它使用与植物和园艺有关的活动，通过阿尔茨海默病患者的主动或被动参与来改善其健康，如组织参与者去花园散步、观赏植物和去农场郊游等。

（三）园艺作业疗法介入阿尔茨海默病患者的康复效果

1. 改善阿尔茨海默病患者的心理健康

焦虑、抑郁等症状是导致阿尔茨海默病患者悲痛的主要原因，园艺作业疗法可以帮助改善阿尔茨海默病患者的负性情绪。国外学者 Edwards 等为 10 例阿尔茨海默病患者制定并实施园艺作业疗法，与干预前相比，干预 3 个月后患者的抑郁得分降低 13.3%；Rappe 等采用量性研究和质性研究相结合的方法，探讨 10 个阿尔茨海默病照护中心的 65 名护理人员对园艺作业疗法应用于阿尔茨海默病患者的观点。他们认为园艺作业疗法对阿尔茨海默病患者有益，其中 97% 的护理人员发现当阿尔茨海默病患者接收到植物时表现得很开心，在种植或养护植物时感到自己被需要，意识到自己存在的价值，增强的自尊心和能力感支持了患者的自主性，从而减轻自卑感。在芬兰的一家日间照护农场，对 13 例阿尔茨海默病患者实施园艺作业疗法，通过与另一家普通日间照护中心的 24 例阿尔茨海默病患者相比，干预后日间照护农场组患者日落综合征（阿尔茨海默病患者在黄昏时分出现的一系列情绪和认知功能改变）发生率为 38%，普通日间照护中心组患者发生率高达 71%，表明园艺作业疗法能明显减少阿尔茨海默病患者日落综合征的发生率，改善患者的情绪。Hewitt 等的研究发现，对 12 例阿尔茨海默病患者实施 1 年的结构化园艺作业疗法后，其焦虑降低，幸福感增强。在美国奥格登进行的一项研究，通过访谈 2 家阿尔茨海默病照护单元的 28 名护理人员、12 名阿尔茨海默病患者家庭成员以及 5 名建筑师或园林设计师，发现其普遍支持在阿尔茨海默病照护机构建设使用“治疗花园”，并认为园艺作业活动能提高患者及照顾者的生活质量，增加乐趣，因此建议“治疗花园”应成为这类机构的标配。

2. 促进患者的生理健康

机构的阿尔茨海默病患者很少有机会接触自然资源，而暴露于自然光或太阳光下对唤醒控制睡眠模式的昼夜节律至关重要。有研究显示，对于具有睡眠障碍的阿尔茨海默病患者，最好的治疗方法是将其适当地暴露于自然光下。园艺作业疗法可为阿尔茨海默病患者提供一个合适的户外环境，患者可以暴露于自然光下、在室外环境中散步、享受感官体验以及参与愉快的园艺作业活动。Lee 等招募 23 例养老院阿尔茨海默病患者，通过调查研究对象及其所在机构可以接受的植物种类和生长方式，最终选择可食性水芹和豆芽的室内集装箱水养作为园艺作业疗法的干预方式，干预 4 周后参与者的睡眠质量显著提高，表现为觉醒次数减少、打盹频率及持续时间减少、夜间睡眠时长增加、夜间睡眠效率提高等，但睡眠潜伏期、觉醒时间和总睡眠时间干预前后变化不显著。Connell 等也探讨了园艺作业活动对阿尔茨海默病患者睡眠的作用，该研究共纳入 20 例阿尔茨海默病患者，室外园艺作业活动组和室内对照组各 10 例，干预 1 年后室外园艺作业活动组最长睡眠持续时间及总睡眠时间延长，但夜间觉醒次数与干预前后无统计学差异。将阿尔茨海默病患者与自然环境相分离会恶化患者的生活能力和身体功能，94% 的护理人员认为养护植物能保持患者的功能状态，阻止或延缓躯体功能退化。

3. 减少患者的异常行为

异常行为症状如激越、来回踱步、攻击等在阿尔茨海默病患者中较常见，严重影响患者及其照顾者的生活质量，因此改善患者的异常行为尤为重要。国外学者 Schols 等研究显示，普通日间照护中心组患者较日间照护农场组使用更多的药物，其中包括抗精神病药物；且通过照护团队或家庭照顾者报告的患者行为问题如攻击、暴躁、冷漠、发呆、漫无目的、来回踱步等发生率为 42%，而照护农场组为 0，表明园艺作业疗法能显著改善患者的行为问题；此外，日间照护农场组都能积极主动地参与活动，而普通日间照护组有 1/3 的患者不愿参与活动。Detweiler 等的研究中，34 例男性阿尔茨海默病患者在进行 12 个月的花园活动干预后，其激越水平得分明显低于基线水平，此外，进行花园活动越频繁的患者，其激越水平越低。Edwards 等的研究显示，园艺作业疗法能显著改善阿尔茨海默病患者的激越行为，干预 3 个月后患者的激越得分降低 46.7%。日本学者研究显示，向 20 例老年阿尔茨海默病患者提供每周 1 次共 12 周的园艺作业疗法干预，干预后患者的行为障碍明显改善。韩国的一项研究也显示，园艺作业疗法能降低阿尔茨海默病患者的激越水平。但园艺作业活动对阿尔茨海默病患者的异常行为并不总是有效的，美国的一项研究显示，园艺作业活动能使阿尔茨海默病患者口头激越水平明显降低，但攻击行为和身体激越水平干预前后无统计学差异。

4. 增强阿尔茨海默病患者自我身份的感知

阿尔茨海默病患者的“自我”感可能随着疾病的进程而变得无形和难以捉摸，特别是在机构的环境下，阿尔茨海默病患者保持一种独立和“自我”感比较困难。瑞典的一项质性研究中，研究者访谈 11 例早期阿尔茨海默病患者对室外园艺作业活动的感受，患者普遍认为室外园艺作业活动能使自己感到存在的价值，提高自己的身份认同。另一项研究纳入养老院 8 例阿尔茨海默病患者，进行每周 3 次共 6 周的园艺作业疗法干预，园艺作业活动包括浇水、除草、松土和种植等，结果显示参与者都乐于参加园艺作业活动，独立自主性有所增强，自我认同程度增加。英国的一项研究中，在 2 个专门开设园艺作业疗法的社区场所共纳入 12 例阿尔茨海默病患者，进行每周 2 小时的结构化园艺作业疗法，干预 1 年后，患者感觉自己有用，具有成就感，其自我价值感增强。

5. 园艺作业疗法的其他作用

在国外，Jarrott 等在 5 个养老院和 3 个阿尔茨海默病照护中心共纳入 129 例阿尔茨海默病患者，其中 75 例接受园艺作业疗法干预，54 例作为对照接受传统干预，干预 6 周后园艺作业疗法组显示出更高的参与度，在园艺作业疗法活动中表现得更活跃。有研究显示，在护理人员和阿尔茨海默病患者之间，园艺作业疗法所涉及的植物是一个很好的谈话主题，促进彼此之间的沟通交流和互动。Edwards 等的研究显示，干预 3 个月后，参与园艺作业疗法患者的生活质量得分增加 12.8%。关于园艺作业疗法对阿尔茨海默病患者认知功能的作用，有研究显示，园艺作业疗法能改善阿尔茨海默病患者的认知功能，但也有研究者认为，在园艺作业疗法实施的过程中阿尔茨海默病患者的认知功能依旧呈持续性下降。造成结果不一致的原因可能因为研究间干预类型、干预时间、样本量、结果评估的方法等不同，因此需进一步证实园艺作业疗法对阿尔茨海默病患者认知功能的作用。

（四）园艺作业疗法在阿尔茨海默病患者中应用时存在的问题

虽然园艺作业疗法对阿尔茨海默病患者有益，但在实施园艺作业疗法的过程中也存在一些问题。如种子种不出来，可能会令阿尔茨海默病患者感到失望；在种植植物时，患者存在食用植物、植物果实或土壤的风险，具有一定的安全隐患等。另外，我国养老设施尚不健全，一些社区和养老院缺少配套的花园；我国医务工作者、养老护理员或阿尔茨海默病照顾者尚未充分认识到园艺作业活动对阿尔茨海默病患者的潜在益处，这在一定程度上阻碍园艺作业疗法在我国的发展。

为了保证园艺作业疗法能够顺利施行、避免园艺作业疗法给患者带来伤害、增强园艺作业疗法的效果等，实施园艺作业疗法应注意以下问题：园艺作业活动易受天气的影响，要注重患者的安全；园艺作业活动的进行需要有护理人员或者家属陪同，并根据不同阿尔茨海默病患者的功能状态和生活背景选择合适的活动形式；花园的设计应能体现对阿尔茨海默病这一疾病症状和疾病进展的理解，花园应有足够的空间能支持患者的群体活动，且安全舒适；园艺作业活动所用植物的选择最好具有患者熟悉、具可食性、培养简单、易于繁殖、生长速度快、花费小等的特点。

三、园艺作业疗法对抑郁青少年身心影响的介入应用

（一）被介入的抑郁青少年的确定

1. 招募方式

通过选题意义、研究现状的介绍、主试自我暴露等方式现场宣讲和发放问卷贝克抑郁量表（BDI）和焦虑自评量表（SAS）两种方式从医学院正在上选修课的班级进行人员招募，结合基本信息的了解、参加园艺作业疗法小组的意愿、小组的相关讲解访谈随机筛选取样，被试对象签署知情同意书。实验得到了医学伦理委员会的许可。

2. 被试纳入标准

被试必须符合两个条件：

（1）被试年龄处 18～25 周岁。

（2）被试贝克抑郁得分≥5 分。

3. 被试排除标准

（1）重度抑郁且在服用抗抑郁药物。

（2）有其他精神病且在服用精神类药物。

（3）焦虑自评量表得分≥50 分。

（4）参与意愿不足。

4. 被试基本情况

共招募 70 人，根据年龄、性别、贝克抑郁得分等分实验组和对照组，其中实验组 35 人

(女生 31 人，男生 4 人，期间 2 名中途脱落，2 名数据不全被剔除，有效 31 人)，对照组 35 人(女生 31 人，男生 4 人，期间 4 名中途脱落，2 名数据不全，有效 29 人)。实验组和对照组在年龄、性别、心率、皮电、贝克抑郁、行为抑制/激活、心理弹性等得分上差异均不显著。

(二) 园艺作业疗法设计

实验组进行为期两个月的园艺作业疗法活动，每星期一次，每次时间 90 分钟，一共 8 次。实验活动由 10 分钟的热身活动、20 分钟的课程讲解、40 分钟的实务操作和 20 分钟的整合阶段四个部分组成。在实验进行期间，对照组不做任何干预，实验结束后送一个多肉的盆栽作为礼物。详细流程见图 5－5。所有实验均在医学院音乐治疗室进行。

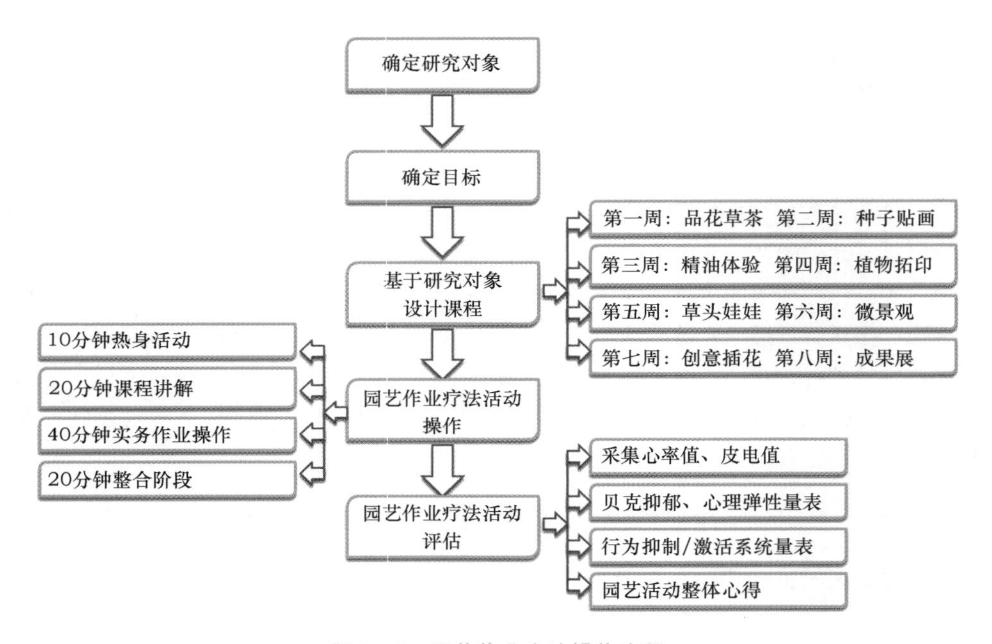

图 5－5 园艺作业疗法操作流程

(三) 园艺作业疗法的内容

园艺作业疗法主要有艺术品手工艺、户外栽种、团体活动、室内栽种、远足郊游这 5 个基本活动内容。园艺作业疗法最大的特色是治疗媒介是来自大自然的植物材料。常用的课程安排有：增加幸福感的盆栽植物类，如组合盆栽；对于职业技能最有效的种子繁殖及无性繁殖类；对于提升自信心最有效的废物利用类，例如瓶罐废物利用小盆栽以及最容易提高创作力和成就感的创意类，如迷你花园等。

(四) 园艺作业疗法效果

1. 实验组和对照组生理指标的比较

对实验组和对照组的前后测心率和皮电值进行配对样本的 t 检验。参加园艺作业疗法的实验组心率值后测显著高于前测、皮电后测值显著低于前测；对照组心率、皮电值前后测无显著差异。对实验组和对照组的后测心率和皮电值进行独立样本的 t 检验。实验组的心率值后测显著高于对照组，实验组的皮电值后测显著低于对照组后测值。

2. 实验组和对照组心理指标的比较

对两组贝克抑郁、行为抑制、行为激活和心理弹性的前后测得分进行配对样本的 t 检验。实验后，实验组贝克抑郁分、行为抑制系统得分显著降低；行为激活系统、心理弹性得分显著升高；对照组在这三个指标上无显著差异。对两组的后测贝克抑郁、行为抑制系统/行为激活系统系统/行为激活系统和心理弹性得分进行独立样本的 t 检验。实验后，实验组的贝克抑郁得分、行为抑制系统得分显著低于对照组，行为激活系统及心理弹性得分显著高于对照组。

四、 园艺作业疗法对失智老人的介入应用个案

（一） 失智老人概况

案主邢爷爷，作业活动时 72 岁，为南京某高校的退休教师，已被诊断为中度失智症，且伴有高血压和心脏病的并发症。老人主要症状表现：意识时而清醒、时而模糊、吃饭没有节制、无法书写自己的名字、焦躁、夜间常在家中游走、不配合洗漱、无法分辨时间，不知是夜晚和白天。案主每天需服用各类药物，但从来都不拒绝吃药。老人在意识清醒时不承认自己患有精神疾病，不愿意出门，排斥朋友和亲属探望。介入时充分尊重案主的选择，维护案主的权利，引导案主去表达更多自己的内心想法，时刻关注案主的心理变化，注意案主的个性，活动过程中给予案主充分的思考和反应时间。活动按计划稳步推进，选择园艺材料时充分征询案主的意见，且选用无毒、无害、无副作用的材料。每次活动开展后及时总结备案，多反思，对案主表现给予充分的肯定和鼓励。

（二） 介入目标

第一，协助案主积极面对事实，改变现有的状态；第二，引导案主接纳自己的亲朋好友，接受新鲜的人和事；第三，帮助案主整理优势特征，培养案主的兴趣，增强案主的自信心；第四，帮助案主恢复生理指标，稳定情绪，增强案主的认知能力；第五，缓解案主家庭的照护情绪，减轻其心理压力，给予更多支持和接纳。

（三） 园艺作业介入过程

1. 第 1 次作业活动

（1） 材料　苹果（红）、香蕉（黄）、葡萄（紫）、香瓜（绿）各 3 个。

（2） 内容　讲述水果知识；制定操作内容；告知水果名称和颜色；由案主按照水果品种进行配对。

（3） 目标　刺激案主感官；勾勒案主记忆；配合肢体协调；引导案主表达想法。

（4） 作业　案主喜欢苹果，认为苹果代表平安，讲述这些水果都品尝过。

2. 第 2 次作业活动

（1） 材料　橙子、猕猴桃，芹菜、四季豆、百合、康乃馨。

（2） 内容　讲述水果、蔬菜、花卉知识；制定操作内容；告知各类名称；由案主按照属性进行分类。

（3） 目标　刺激案主感官；培养手眼协调以及专注力；稳定情绪；引导案主表达情绪和需求。

（4） 作业　案主分类成功，表示以前喜欢做菜，喜欢吃空心菜，不吃辣椒，聆听案主讲述做菜经验。

3. 第3次作业活动

（1）材料　鲜花几种，玫瑰（去刺）、百合、康乃馨、万年菊、薰衣草（风干）、桂花。

（2）内容　讲述鲜花的生长周期和习性；制定操作内容；告知各类名称；由案主按照顺序排列。

（3）目标　刺激案主感官；强化认知；增强记忆力；引导案主表达情绪和需求。

（4）作业　案主排序成功，用时较长，情绪焦躁、游走，放缓节奏，播放轻音乐，案主平静。

4. 第4次作业活动

（1）材料　空心菜植株、花盆、营养土、栽植工具。

（2）内容　讲述空心菜的生长习性；社工演示栽植过程；由案主将空心菜根和茎叶分别栽植。

（3）目标　刺激案主生理机能；感受生命力；培养案主自我认同；重拾案主自信心。

（4）作业　独立完成，案主心情大好，获得自我满足，案主表示要吃到自己种的空心菜。

5. 第5次作业活动

（1）材料　无。

（2）内容：同案主去康复医院做康复训练；案主与老友见面；与案主漫步康复医院园艺区。

（3）目标　增进社交能力；增强案主自信心；认同当前面临问题；引导案主表达情绪和需求。

（4）作业　完成康复训练，与老友交谈，案主表示有机会与老友一起参加活动，不会再拒绝老友拜访。

6. 第6次作业活动

（1）材料　橘子2个、小盆、种植工具、小布袋。

（2）内容　制定活动内容；橘子皮泡茶做香包；品尝橘子；种植橘子种核。

（3）目标　刺激案主感官；激发案主独立思考；集中注意力；引导案主表达情感和需求。

（4）作业　案主独立完成，积极参与，用时较长，坚持完成整个活动，案主露出笑容。

7. 第7次作业活动

（1）材料　无。

（2）内容　安排案主与社区失智老人一同游玩百草园；体验采摘和种植；品尝瓜果。

（3）目标　培养案主社交能力，引导案主走出去；引导案主接纳新事物；引导案主表达情感和需求。

（4）作业　案主积极参加游玩，尝试自己体验撒播菜籽，与社区老人交流病情，希望去上海看儿子。

（四）园艺作业疗法介入效果

案主的血压与介入前的比较收缩压和舒张压分别降低了12mmHg和8mmHg；社会功能上，案主已经能够走到社区中接受自己的亲朋好友，接受新鲜的人和事物，在与家人的沟通中，也逐渐开始配合家人的照护；身体功能上，案主能够控制自己的饮食，注意个人卫生；情绪功能上，焦虑现象有所减少，夜间游走的频率也有所降低；认知功能上，语言表达以及思维有明显改善，思维清晰情况下能够完整表达，注意力也较之前有改善。

在开展园艺作业疗法过程中，时刻鼓励案主，引导案主认同当前状态，发掘案主的优势资源和案主的支持系统，努力改变目前的境遇。但是园艺作业疗法仅能在一定程度上控制和延缓案主退化速度，并不能达到“治标又治本”的效用。

不管是哪一种园艺作业疗法活动，开展园艺作业疗法活动设计时一般都需要园艺治疗师、景观设计师、建筑设计师、心理咨询师、医疗康复技术人员等共同参与，才能做到科学、艺术与疗养效果兼备。同时，设计上必须全方位考虑到参与对象的生理及心理特征，结合其需求在细节上予以关怀，能让参与人内心体会到被关爱、被重视。

参考文献

［1］Alzheimer's Disease International. World Alzheimer report 2016：Improving healthcare for people living with dementia：Coverage，quality and costs now and in the future.

［2］EUM E Y，KIM H S. Effects of a horticultural therapy program on self – efficacy，stress response，and psychiatric symptoms in patients with schizophrenia［J］. J Korean Acad Psychiatr Ment Health Nurs，2016，25（1）：48 – 57.

［3］KALES H C，GITLIN L N，LYKETSOS C G. Assessment and management of behavioral and psychological symptoms of dementia［J］. BMJ，2015，350（7）：26 – 30.

［4］MI Y H. The effects of cognitive behavioral group the rapy improving social cognition on the self efficacy，relationship function and social skills for chronic schizophrenia［J］. J Korean Acad Psychiatr Ment Health Nurs，2017，26（2）：186 – 195.

［5］MITCHELL G，AGNELLI J. Non – pharmacological approaches to alleviate distress in dementia care［J］. Nurs Stand，2015，30（13）：38 – 44.

［6］OH Y A，PARK S A，AHN B E. Assessment of the psychopathological effects of a horticultural therapy program in patients with schizophrenia［J］. Complementary Therapies in Medicine，2018，36：54 – 58.

［7］ROSENBERG P B，NOWRANGI M A，LYKETSOS C G. Neuropsychiatric symptoms in Alzheimer's disease：What might be associated brain circuits？［J］. Mol Aspects Med，2015，43（6）：25 – 37.

［8］SIMPSON C，CARTER P. The impact of living arrangements on dementia caregiver's sleep quality［J］. Am J Alzheimers Dis Ther Demen，2015，30（4）：352 – 359.

［9］VARDANJANI L R，PARVIN N，ALIAKBARI F. Group horticulture program on psychiatric symptoms in patients with chronic schizophrenia［J］. Original Article Journal of Research Development in Nursing & Midwifery，2017，14（1）：16 – 21.

［10］ZHU S H，WAN H J，LU Z D，et al. Treatment effect of antipsychotics in combination with horticultural therapy on patients with schizophrenia：A randomized，double – blind，placebo – controlled study［J］. Shanghai Archives of Psychiatry，2016，28（4）：195 – 203.

［11］冯宇轩. 基于现代园艺技术的养老机构园艺活动空间设计［J］. 现代园艺，2018（11）：87 – 88.

［12］高云，黄素，陆钰勤. 园艺疗法对慢性精神分裂症的康复效果分析［J］. 中国医学

科学，2016，6（7）：202－205.

［13］黄燕颖．园艺治疗对长期住院老年性精神分裂症患者的影响［J］．护理实践与研究，2017，14（14）：150－151.

［14］冷敏敏．园艺疗法在痴呆患者护理中的应用进展［J］．护理学杂志，2018，33（9）：102－106.

［15］刘嘉龙．休闲活动策划与管理［M］．上海：上海人民出版社，2016.

［16］吕蒙蒙，马西文．园艺疗法在精神分裂症患者中的应用现状［J］．现代临床护理，2018，17（7）：68－74.

［17］马宇强．失智老人园艺疗法介入研究——以南京市某社区为个案［D］．南京：南京航空航天大学，2017.

［18］陶锋，孙晓斐．农艺作业治疗在慢性精神分裂症住院患者康复中的疗效观察［J］．中国全科医学，2017，20（S2）：320－321.

［19］王新宇．园艺疗法对抑郁青少年身心影响的研究［D］．成都：成都医学院，2016.

［20］赵帅，周晓琴，夏海龙，等．住院精神分裂症患者心血管疾病发生风险研究［J］．中国神经精神疾病杂志，2017，43（9）：539－543.

［21］钟远惠，谢穗峰，喻俊，等．780 例长期住院精神分裂症患者代谢综合征患病调查［J］．现代临床医学，2017，43（2）：105－107.

［22］诸顺红，陆志德，万恒静，等．园艺治疗对慢性精神分裂症住院患者代谢的影响［J］．中国心理卫生杂志，2017，31（6）：447－453.

CHAPTER 6

第六章 休闲园艺栽培活动常用工具与资材

“工欲善其事，必先利其器。”园艺栽培涉及工具使用、栽培盆器、介质选择，园艺植物营养管理和病虫害防治，不同操作环节适用不同工具和资材。本章主要介绍常用工具、资材的主要用途和选择指南。

第一节 休闲园艺栽培活动常用工具

一、保护工具

从事休闲园艺栽培活动时，为能充分享受园艺栽培中的乐趣，避免手或身体其他部位受伤，且提高工作成效，最好能选择合适的穿戴用品。穿戴用品包括服装、鞋子以及手套等。

在服装的选择上可以选择松软舒适的着装，便于轻松站立、下蹲，便于种植、修剪、搬运等各项作业开展。穿戴一条合格的园艺工作围裙可以有效防污、防刮，具有一定防泼溅能力；可以调节长度从而满足不同个体成员使用，一般有 2 ~ 3 个口袋，方便放置剪刀、镊子、移植棒等小工具，便于享受园艺的快乐。

在鞋子的选择上没有过多要求，如果需要配置土壤、花圃除草、浇灌，防水胶鞋是不错的选择，可以有效防止砂石土粒进鞋和方便完工后清洗。胶鞋长度因人而异，最为舒适且具备保护功能的胶筒是到脚踝位置。

园艺手套一般采用针织浸胶工艺制作，耐水耐磨，可以防水防扎手；具备一定的弹性，能保证在操作中手套不容易滑动和脱落，增强抓握力；具备舒适透气速干的特性，满足长时间作业的人穿戴舒适；易清洁，使用后简单冲洗悬挂晾干即可，切忌不能暴晒。在园艺栽培活动中，经常会接触到泥土配置、搬运、修剪工作和触碰月季、仙人掌等带刺的一些植物，专业园艺防护手套可以保护操作者并增强园艺工作效率。

二、种植工具

种植工具主要用于栽培介质配置处理、栽苗和后期管护等园艺作业，可以使培土、播种、移苗、修枝剪叶等园艺植物打理过程变得更加轻松有效，常用工具包括铁锹、铁铲、移植铲、筛子等，是休闲园艺栽培种植环节不可缺少的工具。

对于拥有花园、需要到户外取土或者喜种较大木本植物的园艺爱好者，通常需要用到铁铲、锄头等大尺寸工具。铁锹为扁平长半圆尖头状，可以用脚将其踩入地中，是可轻松挖起土壤或者植株的翻土工具；铁铲金属铁头末端平，多为方形，适用于土壤、栽培基质的混合或者装填大型花盆。好的园艺铁铲（锹）采用硬质不锈钢材质，长度1.0～1.2米，铲头设计有防滑脚踏用于踩脚施力，整体采用人体工程学设计原理以降低劳动强度。握把有金属的也有木质的，握手处采用圆弧形手柄更易于抓握使力。锄头的主要作用是翻耕、挖土，没有过多要求，市面上常见有木质和铁质握把，选择合适自己使用即可。耙子可用于大面积松土、除草、土地平整和落叶清理。采用高强度合金制作，手柄较铁锹长，一般为1.2～1.5米，选择轻微弯腰即可操作适宜的长度即可，如果有高端需求的话，可以选择带长度调节的组装型耙子。

休闲园艺主要还是以城市阳台、盆栽园艺为主，移植铲和桶铲是使用频率最高的必备移植工具，老少皆宜，使用方便灵活，一般长25～40厘米。移植铲多用于花盆和栽培箱小范围翻土、挖苗定植、除草，头部为底宽头窄梯形的适合翻耕和挖穴，头部形状为勺型的适合装土，握柄有木柄、铁柄和ABS工程塑料等材质，款式多样，价格从几元到几十元不等。桶铲为斜口杯状，材质有塑料和金属，主要作用为将配置好的基质或土壤铲到花盆，大小以操作者手握合适即可。

在土壤配置和换盆时需要用到筛子筛去换盆土残根落叶、介质中过大颗粒（砂石），直径有30～50厘米，孔径2～8毫米。材质选择有塑料和钢丝，配置多肉等轻质少量用土可以使用塑料筛子，孔径选择4毫米左右，可以保留较多大颗粒，满足透气需求；配置小盆花卉用土和去除换盆残根落叶可以选择2～4毫米孔径；大部分盆栽5～8毫米均可以选择，取出较大颗粒的砂石即可。

起苗器用于取出苗盘、苗地幼苗，以不伤害根系，保持完整根坨；镊子用于细小幼苗拾取或者装盘定位。

三、 灌溉用具

水是植物生长的必要条件。自然条件下，植物依靠吸收天然降水和土壤中水分维持生长、保持体态。在休闲园艺活动中，植物水分来源主要依靠人工灌溉，因此需要用到不同的灌溉用具，主要分为容器式和管式。

容器式是指使用洒水壶、长嘴壶、量杯、洗瓶等具有固定形状的容器，适用于小范围、小水量浇水作业，适用于园艺作物较少的情况以盆栽为主。洒水壶多用塑料材质的，使用起来轻便，颜色形状多样，壶头可转动调整洒水朝向，喷杆长于壶身不易漏水也方便浇灌。长嘴壶有封闭式和敞口式，可以将水直接浇入盆中不淋湿植株，尤其适合室内使用，不易洒落到地板上；也可以将洒水壶壶头拆下作长嘴壶使用。量杯指带刻度和把手的水杯，可计量液体体积，最常使用透明塑料材质的，可以清楚看清刻度从而定量浇水和浇肥，需配合水桶使用。洗瓶是带有细长嘴通过挤压出水的一种带刻度容器，在多肉等需水量少的小盆栽植物中使用较多，型号有100～1000毫升不等。喷壶是休闲园艺中重要的喷雾器，有手压式和压力式两种，可以方便增加叶片湿度，快速补充水分，同时也是喷洒农药的重要工具（电商搜索关键词：园艺洒水壶、长嘴壶、量杯、洗瓶、园艺喷壶、洗瓶）。

花园、阳台（尤其是露天阳台）植物数量多、蒸发量大，需水量也大，通过容器式灌溉用具通常需要花较多时间才能浇透土壤，不能很好地满足植物生长，因此需要通过水管和各种接头、喷头连接自来水满足浇水需求。水龙头选择带外螺纹接口或者洗衣机龙头最佳，方便水管或者配套水管接头安装。水管要求柔软、耐磨、耐晒、防冻，通常内部含防爆层能够承受常规自来水压；表面带涂层可以减少水管拖动摩擦力和滑过地面障碍物，也不容易黏结杂草和泥土，不会导致水管打结缠绕；尺寸最为常见为4分水管（内径×外径为12毫米×16毫米），配套接口丰富，也可以方便接通自来水管；配合水管车使用可快接收放收纳不缠绕。水管快速接头可以快速安装在家中常用水龙头，另一头接通软管，末端接通浇水喷头；浇水喷头可以通过旋转喷头调整不同出水水花，有柱状、雾状和洒花状。经常需要出门家庭，可以选择配套定时浇水、手机应用程序远程控制浇水等无人管理设备。

四、修剪工具

园艺修剪工具广泛应用在定植、修枝整叶、塑形等植株管理作业中，主要包括花剪、修枝剪（剪定铗）和篱笆剪。

（一）花剪

花剪长15厘米左右、尖头，类似剪刀，主要用于修剪细小枝条和叶片，也用于修剪小苗根系。植株定制前需要修剪多余枝条和叶片，同时剪去坏死根系；管理过程中，需要对老叶、枯枝等进行修剪，是最常用的工具之一。

（二）修枝剪（剪定铗）

修枝剪采用防锈优质钢材铸造，握柄、刀片均比花剪大，用于木本花卉、苗木修剪，在冬剪和大修剪中常用。刀片分上刀片和下刀片，上刀片大、锋利，提供快速利落的剪切效果，切口平滑整齐不伤害植物枝干；下刀片起砧板固定作用，便于斩断粗硬枝条。握柄以带软胶为宜，柔软防滑，增强作业能力和舒适性。安全锁定可保障剪刀安全，分为双手锁定和单手锁定方式，操作上单手锁定更为便利。

（三）篱笆剪

篱笆剪在普通家庭使用较少，主要用于花圃，对绿篱、球形绿化木等修剪，长度一般为50~60厘米，需双手操作，刀口闭合处配备缓冲软垫利于操作，缓解修剪震动。

五、支撑工具

植物生长和形态特性存在差异，如需对一些藤本、枝叶繁茂类植物进行定型或者制作特殊园艺造型，可通过借助支撑工具或提供攀援支架，增强植物固定和支撑的能力。包塑铁圆环支柱有不同高度、大小，可以方便插在地面、花盆中，非常有利于牵牛花、茑萝等蔓生、藤本花卉攀援支撑，对绿萝、百合、番茄等生长速度较快的草本植物也可以起到良好的支撑作用。木棒（竹棒）主要用于主干明显的木本植物支撑；固定牵引位置可以使用绳子，适用于所有植物。

六、五金工具

五金工具包括各种手动、电动、切割、测量工具，常用有锯子、老虎钳、扳手、电钻、卷尺等，主要针对有DIY改造需求的用户，可以使用木板、铁丝、水泥等材料自制花盆、阳台改造和管道改造等，也可以自制园艺花架、造型，主要针对动手能力强的进阶用户。

第二节　园艺盆器

不同类型植物适合不同容器种植，不同位置需要采用不同材质容器，不同大小植株需要选择合适大小容器，不同材质容器和相同植物搭配会产生多样的效果。选择合适大小、适宜材质和合适造型的种植容器对园艺入门有重要作用。

一、盆器大小分类

花盆大小不仅仅影响美观，同时也对植物生长产生重要的影响。花盆过小会导致头重脚轻，供氧供水供肥能力不足，影响植物根系发育；花盆过大容易导致浇水后盆土长期湿润，导致植物缺氧烂根。

选择盆器参考要求：盆口直径同植株冠幅相近、带根坨植物放入盆中离四周有 3～5 厘米、裸根苗根系放入盆中可舒展或适当修剪根系可以定植即可。一般市面上微型盆外直径小于 8 厘米，高小于 7 厘米，标号 1～2 号，小型草本、微型木本、桌面小盆栽和多肉常用；小号盆外直径为 8～21 厘米，高 7～18 厘米，标号 3～5 号；中号盆外部直径为 15～27 厘米，高 12～25 厘米，标号 6～9 号；大号盆多用于木本花卉，放于庭院或者作为室内较大景观盆，外直径大于 29 厘米。

二、盆器材质分类

盆器的材质包括玻璃、陶瓷、塑料、水泥、金属及其他材料。

（一）玻璃盆

玻璃盆透明干净、造型多样、价格较低，可以完整展现植物形态，多用于水培、微型景观盆制作，水晶泥、砂石、沸石等栽培介质使用较多，适用于绿萝、白鹤芋、吊兰、苔藓等植物栽植。缺点是对管理要求较高、易碎、较重。

（二）陶瓷盆

陶瓷盆美观透气、颜色较素、沉稳、造型多样，与各种花卉（如君子兰、菊花等）植物已形成标配，近年来流行的多肉也是一个比较多的选择；瓷盆表面含釉质光滑，多有花纹，外观美观典雅，缺点是透气性差、显脏，基本用于室内高档花卉装饰栽培。

（三）塑料盆

塑料盆价格最低、轻巧便捷、花样颜色最为丰富、造型最为多样、耐磕碰，还有部分耐老化；缺点是不透气不渗水、质感较差容易变形。优缺点明显，是目前市面上用量最大一类花盆。

（四）水泥盆

水泥盆近几年兴起，造型多以方正为主，耐用防冻，缺点是透气性差、笨重不易搬运。

（五）金属盆

金属盆多采用不锈彩钢为材料，室内常搭配虎皮兰、龟背竹、鹤望兰，打造轻奢北欧风格。缺点是受环境温度变化大、不透气容易刮花，不推荐室外使用。

（六）其他材质盆器（草/藤/木、竹、石头、泡沫箱等废物利用）

其他材质有天然材质和化工材质，草/藤/木、竹等为天然材料，亲和力高，装饰性强，缺点是保水能力和耐腐朽力差；石头质感强、不会变色，缺点是笨重、价格较高；此外泡沫箱、油漆桶、废弃锅碗等废物利用，也一样可以做出出色的园艺作品。

第三节　栽培介质

一切植物生长基于栽培介质，它为植物提供养分、水分，且对植物起固定作用。栽培介质有常见的土壤，也可通过各种材料配置形成配方介质。根据用土、材料来源可以分为天然基本介质、辅助介质和装饰介质。

一、天然基本介质

天然基本介质取材天然，是栽培介质配置的基本元素，其中最为常用和方便的材料为菜园土。除菜园土外，其他基本介质有砂石、赤玉土与鹿沼土等。

（一）菜园土

菜园土属于熟化土壤，较为疏松，营养丰富，不经过任何处理可以适合大部分植物生长。

（二）砂石

砂石取材容易，粗细颗粒配合可以直接作为栽培介质，其作为配置介质可以增加透气性，也可以作为栽培容器底部疏水层。缺点是吸水性、保水保肥能力差，密度大；比热容小，容易受周围环境变化而产生明显温度变化。

（三）赤玉土

赤玉土为清新的黄色或暗红色圆状颗粒，不含有害细菌，低肥呈微酸性，具有良好持水和排水性，满足了大多数植物的生理需求，土质较硬浇水后不改变颗粒形状，其中粗中粒多用于多肉栽培，细粒在草皮、园艺植物栽培中频繁使用。同时，它也是优良的鱼缸、水池造景底土。

（四）鹿沼土

鹿沼土由下层火山土生成，呈酸性，有很高的通透性、蓄水力。可铺在土面的表层以降低盆中温度。因其优良透气性，也可用作盆装底层土；作为酸性较强（pH=6.1）土，在兰科、多肉和一些喜酸性植物中，可以将比例提高到50%以上使用。同赤玉土相比，鹿沼土土质较软，浇水后容易松散。

二、辅助介质

辅助介质是配方介质的重要组成成分，需要经过工厂特殊工艺处理或者生物工程发酵才能利用的介质，起到调节有机质含量、改善透气性、增强保水、保肥能力或保护土层作用。辅助介质包括草炭、珍珠岩、蛭石、椰糠、沸石、陶粒、腐殖土等。

（一）草炭

草炭为沼泽发育过程中的产物，又名“泥炭”，含有未被彻底分解的植物残体、腐殖质以及一部分矿物质。性状稳定，缓冲性好，基本不携带病虫害和杂草种子，拥有良好的保水保肥能力；有机质含量高，可以有效改良土壤，改善土壤板结问题；比重轻，搬运方便，是目前世界上采用最多的栽培介质，配置比例一般在40%～70%。

（二）珍珠岩

珍珠岩为黑曜石或珍珠岩经高温处理成的人工介质。园艺使用的珍珠岩为白色小颗粒，其质量非常轻，透气排水性极佳，是调节土壤通透性的优秀材料；同时也是无土栽培和育苗中优秀覆盖用土。产品粉尘较多，建议泡水待其吸足水分后使用，使用过程中添加量一般在10%～15%。

（三）蛭石

蛭石是由云母矿石烧制而成，与珍珠岩相比除了质量轻、透气性强外，还有优异保水、保肥能力，可以与土配置改良土壤透气保水能力，也可以用于扦插和育苗，是目前基质配置的重要原料，通常比例在10%～20%。

（四）椰糠

椰糠由椰子外壳纤维加工而成，其pH5.5～6.0，具有优良透气性和保水性。其商品椰糠使用前必须经过脱盐、清洗才能使用。目前商品椰糠通常压缩成干燥椰糠砖出售，使用前需经过水泡发，一般体积压缩比为5∶1。其颗粒大小不同用处不同，兰科等宿根、肉质根类植物适合中粗颗粒；小颗粒通常与草炭等其他辅料配置使用，单独使用对根系发育有一定影响。

（五）沸石

沸石是一种含水的碱金属或碱土金属的铝硅酸矿物，内部充满了细微的孔穴和通道，具有较强吸附性。其可作为园艺植物铺面材料，可以将植株同土壤隔离，保持干净，同时起到浇水缓冲的作用，不易积水和板结；其优良的吸附性还能将土壤中的挥发氨气或者一些有异味气体吸附；可以阻隔草籽，防止虫子在盆土内产卵。通常有灰色和绿色两种，可以根据不同植物和容器颜色选配。

（六）陶粒

陶粒是一种由黏土经高温烧制形成具有一定孔隙度的颗粒物，可以理解成陶质的颗粒，一般为暗红色，是园艺中重要的隔水保气材料。其质量非常小，是替代砂石的重要材料；化学性质稳定，无污染无异味，通气、渗水性最佳，可以有效防止植物缺氧烂根，是优秀的花盆垫底材料。

（七）腐殖土

腐殖土包括天然落叶腐殖土和发酵腐殖土。腐殖土是由枯枝落叶或者植物残体积年累月自然发酵或者人工利用秸秆、落叶等植物体通过生物发酵腐熟而成的黑色混合物。腐殖土透气性较差、有机质含量高、肥力高，是调整土壤肥力、保水保肥的重要材料。自然发酵或者人工发酵腐殖土通常含有较多病原物，需要经过消毒处理才可以使用，有条件可以采用蒸汽杀菌，也可通过阳光暴晒进行简单处理。

三、装饰介质

为提升休闲园艺观赏性，园艺作品需要用到一些装饰介质点缀植物、装饰盆器、覆盖土层或者布置园艺景观，通常会用到苔藓、鹅卵石、水晶泥等材料。

（一）苔藓

苔藓是一种小型绿植，喜阴暗潮湿环境，适应植物地下生长，可以在盆土表层、植物之间良好生长，填补空缺，提升景观延展性。管理方便，即使干枯死后也具有观赏性；干苔藓常作为花盆铺面材料，也可以作为兰科植物保水栽培捆束。

（二）鹅卵石

鹅卵石是形似鹅卵的天然石材，是石头在河道经长期冲刷、碰撞打磨形成，主要用于园艺小景、水培固定、铺面，通常为白色、黄色、黑色、红色等或为混合彩色，尺寸 1 ~5 厘米。

（三）水晶泥

水晶泥是一种海藻酸钠添加剂，加入各种色彩粉剂可以制作成不同颜色，外观晶莹透明酷似水晶珠。具有高吸水性，可以贮存水分、养分，主要用于玻璃器皿水培，可以用于绿箩、攀藤万年青、百合、芦荟、吊兰、富贵竹等植物栽培。使用前将水晶泥放入盆中，加入其体积 80 倍的水，营养液可以同时加入，浸泡 30 分钟（或者半天）以上即可使用。

第四节　常用肥料和药剂

想要种好园艺植物，需要了解植物生长发育所需的营养元素，并及时补充所需营养，同时要了解植物常见病虫害用药，给予合理的病虫害防治。

一、肥料元素

常见的肥料元素有氮、磷、钾以及其他中量和微量元素。

（一）氮

氮是蛋白质、叶绿素等植物重要成分组成元素，缺少氮肥表现为生长缓慢、植株矮小、叶色变黄，从下部叶片往上部发展。常用的氮肥有尿素、碳铵（速效）和包膜缓释氮肥（家庭园艺使用最安全，效果持久）。所有植物生长期内均需要氮肥，绿萝等观叶植物少量勤用可以促进生长、叶色浓绿、枝繁叶茂。

（二）磷

磷蛋白质、核酸、能量物 ATP 的重要组成元素，缺少磷肥表现为叶片呈暗绿色或灰绿色和叶缘、茎秆表现为紫色；作物生长迟缓，植株矮小，根毛增多。大多数作物缺磷症状不明显，发现缺磷时补充已晚，因此使用要早，混合在盆土中。常用的磷肥有过磷酸钙、钙镁磷肥。市面上还有速溶磷肥，主要成分是过磷酸钙、重过磷酸钙、磷酸二氢钾等，一般可以在开花前一个月用，促进花芽分化、延长花期、促进果实发育。

（三）钾

钾参与植物生长发育各项活动，能够促进光合作用、促进结果增产、促进抗寒抗病性，提高果实品质。缺钾时通常是老叶和叶缘发黄，进而变褐，焦枯似灼烧状，症状先出现在老叶；根系短而少、易倒伏。钾肥可以做底肥也可以追肥，溶解性好，也可水溶浇灌，常用钾肥为氯化钾和硫酸钾。

（四）其他中量和微量元素

其他中量和微量元素主要包括中量元素钙（Ca）、镁（Mg）、硫（S）和微量元素铁（Fe）、锰（Mn）、锌（Zn）、铜（Cu）、钼（Mo）、硼（B）、氯（Cl）、硅（Si）、镍（Ni）、钠（Na），是植物生长不可缺少的元素，可保证植株大小、叶色、叶片大小等生长性状正常。通常用复合的中、微量元素肥补充在底肥中使用。

二、常用肥料

（一）复合肥

复合肥含有两种或两种以上营养元素，养分含量高，最常用的是三元复合肥（氮磷钾）。现在也有含微量元素的复合肥，在园艺中使用可以补充多种元素，简单便利，肥效直接，切忌过量使用。

（二）缓释肥

缓释肥是按照一定释放率配合植物养分吸收，可以持续供应植物生长发育所需养分，是园艺作业中极佳的肥料，有氮元素的缓释肥也有复合缓释肥，常选择复合缓释肥。

（三）水溶肥（液体肥）

该类肥料水溶性极佳，肥效快速，一般溶解在水中，在浇水过程中使用，一般浓度是每1千克水中不超过3克的缓释肥。

（四）有机肥

有机肥有丰富的有机质，含肥量不高但肥效持久，能有效地改善盆土，使用前一定要经过消毒或者买正规商品有机肥，只作底肥使用。

三、药　剂

养护心爱的花卉、绿植时，经常碰到植株烂根、烂叶或者叶片斑点的情况，这主要是受到真菌、细菌、病毒侵染导致病害发生，影响植物生长甚至死亡。此外，还会受到虫子危害。应以预防为主，早发现早治理，选择合适的杀虫剂、杀菌剂是解决植物病虫害问题的主要措施。

常用杀菌剂包括多菌灵、百菌清、代森锰锌、嘧菌酯，可以用于防治茎秆发黑、叶片斑点等大部分病害。如草莓发生炭疽病，表现为茎秆发红、叶片穿孔，可以通过喷施嘧菌酯进行防治。还有些症状也是由细菌引起，如番茄发生萎蔫，叶片茎秆均为绿色，慢慢死去，是由细菌引起青枯病造成，这时应选择中生菌素等农用抗生素防治。

休闲园艺中，害虫主要是斜纹夜蛾、蚜虫和红蜘蛛。发生虫害时，一般采用人工抓捕、清洗防治的方法。若虫害严重，可以选择高效低毒有针对性的药剂，如发生叶片发黄失绿、有蛛网的红蜘蛛危害，可以选择爱卡螨等杀螨剂进行正反面叶面喷施防治。

参考文献

［1］陈赫楠．观赏蔬菜在家庭园艺中的应用分析［J］．种子科技，2019，37（5）：110.

［2］渡边均．园艺栽培事贴［M］．福州：福建科学技术出版社，2017.

［3］蒋薇．家庭园艺自动栽培系统研究［D］．镇江：江苏大学，2018.

［4］李向阳．城市玩种菜：向阳菜园宝典［M］．广州：广东科技出版社，2016.

［5］李谢宏升．浅谈城市家庭园艺的发展现状和前景［J］．南方农业，2018，12（24）：72－73；79.

［6］李艳梅，韩韵．家庭园艺产品：开启智能时尚的美好生活［J］．中国花卉园艺，2019（9）：36－39.

［7］日本株式会社主妇之友．萌萌的迷你园艺［M］．北京：北京美术摄影出版社，2018.

［8］藤依里子．阳台菜园：栽培可口蔬菜的70个诀窍［M］．武汉：华中科技大学出版社，2016.

［9］日本NHK. 爱上阳台蔬菜·种植技巧［M］．武汉：华中科技大学出版社，2016.

［10］王新悦．花园植物：家庭园艺市场的热门领域［J］．中国花卉园艺，2019（3）：28－31.

［11］约翰·布鲁克斯．小庭院：家居小空间园艺设计方案［M］．武汉：华中科技大学出版社，2018. 陈长卿．园艺植物病害的特点和防治的重要性——评《园艺植物病理学》［J］．植物检疫，2019，33（4）：3.

CHAPTER 7

第七章 休闲茶业

作为世界三大无酒精饮料（茶、咖啡、可可）之一，茶已不仅仅是中华民族普遍喜爱的饮品，在国外对其也有“保健食饮”“安全饮品”“健康长寿饮料”等各种赞誉之词。饮茶已成为各国人民的一种休闲方式。

茶在我国有着悠久的发展历程。我国是茶叶的发源地，是世界上最早发现茶、繁育栽培茶树、加工和利用茶叶的国家，也是世界上最大的茶叶生产国、消费国和贸易国之一。我国境内分布着数量繁多的茶乡，这些茶乡很多都地处农业资源底蕴丰厚、生态环境良好的地方，同时也有着丰富多彩的人文特色，可以说在发展休闲农业中有着很好的基础。

休闲农业是结合生产、生活和生态“三生一体”的农业经营方式。这一新型农业经营方式的出现，为茶产业的发展提供了良好的契机。2016年农业部出台的《关于抓住机遇做强茶产业的意见》文件中提出“引导茶产业与休闲、旅游、文化、科普教育、养生养老深度融合”，积极发展休闲茶业等新业态和新模式。

第一节　茶的概述

我国是农业大国，长期以来国家和地方一直把农业放在国民经济发展的首位。茶树是我国重要的经济作物，茶叶是我国最具资源优势和消费传统的特色农产品之一，在增加我国国民收入和帮助农民脱贫致富方面发挥着重要作用。因此，各级政府都非常重视茶产业的发展。茶产业和茶文化在休闲农业中一直扮演者重要角色，特别是在精准扶贫和乡村振兴战略的指导下，应当抓住机遇，积极促进茶产业发展以及茶文化与休闲农业的有机融合，促进休闲茶业蓬勃发展。

一、 茶树的分布

茶树，为山茶科山茶属常绿灌木或小乔木，是一种重要的经济作物。茶树喜温耐湿，平均气温10℃以上时芽叶开始萌动，生长最适温度为20～25℃，年降水量宜在1000毫米以上。同时，茶树还喜光耐阴，适于在漫射光条件下生长。茶树的一生可以分为幼苗期、幼年期、成年期和衰老期，一般树龄可达一二百年，但其经济年龄一般为40～50年。

目前世界上有50多个国家种植和生产茶树，最北可达北纬49°，位于俄罗斯，最南可达南纬33°，位于南非。世界茶区在地理上的分布，多集中在亚热带和热带地区。根据茶叶生产分布和气候等条件，世界茶区可分为东亚、东南亚、南亚、西亚、欧洲、东非和南美等。近几十年来，我国茶学科技工作者从地质变迁和气候变化角度出发，结合茶树的自然分布与遗传演化，对茶树原产地进行了深入的分析与论证，证明了我国的西南地区是茶树的原产地。

我国茶区分布极为广阔，南至北纬18°的海南岛，北至北纬38°的山东蓬莱，西至东经95°的西藏东南部，东至东经122°的台湾东岸。在这一广大区域中，有浙江、安徽、湖南、台湾、四川、重庆、云南、福建、湖北、江西、贵州、广东、广西、海南、江苏、陕西、河南、山东、甘肃等共有21个省（区、市）967个县、市生产茶叶。根据茶叶的生态环境、茶树种类、品种结构等特征，可以划为江南、江北、西南和华南四大茶区。从全国主要产茶省来看，2018年我国茶园面积前十的省份分别是贵州、云南、四川、湖北、福建、浙江、安徽、湖南、陕西、河南。

二、茶叶分类

根据中国农业科学院茶叶研究所陈宗懋院士主编《中国茶经》的分类法，可以根据不同的加工方式对茶叶进行划分，分为六大茶类：绿茶、红茶、乌龙茶（青茶）、白茶、黄茶、黑茶。

（一）绿茶

绿茶是我国的主要茶类之一，是指采取茶树的新叶或芽，未经发酵，经杀青、整形、烘干等工艺而制作的产品。其制成品的色泽和冲泡后的茶汤较多的保存了茶鲜叶的绿色。

（二）白茶

白茶属微发酵茶，是鲜叶采摘后，不经杀青或揉捻，只经过晒或文火干燥后加工的茶。具有外形芽毫完整，汤色黄绿清澈，滋味清淡回甘的品质特点。

（三）黄茶

黄茶也属微发酵茶，在制茶过程中，经过闷堆渥黄，因而形成黄叶、黄汤。

（四）乌龙茶

乌龙茶又称青茶，属半发酵茶，是经过采摘、萎凋、摇青、炒青、揉捻、烘焙等工序后制出的茶类。因制作时适当发酵，使叶片稍有红变，使其叶片中间为绿色，叶缘呈红色，故有“绿叶红镶边”之称。

（五）红茶

红茶为全发酵茶，在加工时有发酵的过程中，即发生了以茶多酚酶促氧化为中心的化学反应，同时产生茶黄素、茶红素等新成分，香气物质比鲜叶明显增加。因此，红茶具有红茶、红汤、红叶和香甜味醇的特征。

（六）黑茶

黑茶属后发酵茶，制茶工艺一般包括杀青、揉捻、渥堆和干燥四道工序。其中，渥堆是黑茶生产的关键工序，在这一过程中大量微生物参与茶叶内含成分的转化，形成黑茶独有的醇厚顺滑的口感特征。

三、 茶文化与健康

“柴米油盐酱醋茶”，茶被列为开门七件事之一，与百姓的生活密切相关。人们首先把茶当成饮品，一方面，茶的自然功效可以用来提神醒脑、帮助消化等；另一方面，茶的另一重要功能是体现在精神方面，人们享受饮茶的过程，对水、茶、茶具、环境的要求较高，在饮茶的过程中，注重自己的心境和修为的培养，都体现了这一功能。茶本身就存在着从形式到内容，从物质到精神，从人与物的直接关系到成为人际关系的媒介，逐渐成为传统东方文化中的一种，即中华茶文化。

中华茶文化源远流长，博大精深，不但包含物质文化层面，还包含深厚的精神文明层次。唐代茶圣陆羽的《茶经》在历史上吹响了中华茶文化的号角，从此茶文化渗入各个社会阶层，融入诗词、绘画、书法、宗教、医学等各个领域。几千年来，我国不但积累了大量关于茶叶种植、生产的物质文化，更积淀了丰富的关于茶的精神文化，这就是中国特有的茶文化。而且，在中国不同的民族、不同的地区，至今仍有着丰富多样的饮茶习惯和风俗。

茶为国饮，经过数千年的传承，茶对人体的保健作用已是不争的事实。目前已分析出茶叶中的化学物质至少有600多种，这些物质具有多种营养价值及药理作用。

（一）茶多酚

茶多酚是茶叶中多种酚类有机物的总称，是茶叶中最主要的有效物质，约占茶叶干重的15%～35%。茶多酚主要包括儿茶素、黄酮类、花青素和酚酸等。儿茶素约占茶多酚总量的70%，是茶叶药理保健作用的主要活性成分。茶多酚的主要功能：①抗氧化：大量的实验研究表明，茶多酚所具有的抗肿瘤、抗衰老和调血脂等多种药理活性都与茶多酚的抗氧化特性有着密切的关系；②调血脂：茶多酚是低密度脂蛋白氧化的强抑制剂，对动物粥样硬化形成的影响因素有一定的抑制作用；③抗菌作用：茶多酚作为一种广谱低毒的抗菌药已被世界上许多国家的学者所公认，对能引起人体皮肤病的病原真菌具有很强的抑制作用；④抗肿瘤：目前研究认为茶多酚能够通过抗氧化、清除自由基、阻断具有强致癌作用的亚硝基化合物的合成、提高机体免疫力等多个途径抑制肿瘤。

（二）茶氨酸

茶氨酸是茶叶中特有的游离氨基酸，约占干茶质量的1%～2%。其功能主要包括：①抗疲劳：茶氨酸可以明显促进脑中枢多巴胺释放，提高脑内多巴胺生理活性；②茶氨酸可以活化中枢神经递质，提高学习和记忆能力；③茶氨酸能有效降低大鼠自发性高血压，可能是由于其对脑内中枢神经递质5－羟色胺分泌量的调节作用。

（三）生物碱

生物碱又称为植物碱，是一类碱性含氟的有机化合物。茶叶中含的生物碱主要是咖啡因、茶碱、可可碱等，咖啡因含量最高，占茶叶干重的2.0%～5.0%。茶叶中的生物碱主要具有以下功能：①增强思维能力和记忆力，提高工作效率；②利尿：茶碱可扩张肾微细血管，加速尿液的生成，咖啡因可刺激膀胱，加速排尿；③降低血液中的胆固醇，防止动脉硬化，促进胃液分泌和消化。

（四）其他成分

饮茶还可以补充人体需要的多种维生素、蛋白质、氨基酸和矿物质。茶的营养成分和功能成分是其保健作用的物质基础。事实证明，茶叶具有非常出色的保健功能。经常饮茶是获得这些营养的重要渠道之一。但是，专家也明确指出，不能对茶叶的保健效果存在过高的期待，茶并不是药。饮茶，只是一种休闲的生活方式，一种调整生活节奏的健康生活习惯。

四、 茶与休闲农业

随着现代社会经济的快速发展，传统农业不断向现代农业转型发展，以农业与第三产业融合发展的休闲农业便应运而生。近年来，我国休闲农业的迅猛发展引起了社会的广泛关注。休闲农业作为一种新兴的产业模式，在社会经济发展中发挥着重要作用。

茶作为一种特殊的农业资源，有其独特的物质资源功能、文化价值和产业价值。在“茶为国饮”的文化氛围中，茶叶的生产、品饮以及衍生出的各种文化现象已经作为一种特有的中华传统文化符号留存在国人心中。人们在品茗闲叙之时，会对茶园环境和茶叶的生产过程表现出浓厚的兴趣，进而产生去茶园体验生活的愿望，追寻一种悠然自得的意境氛围，这就使茶成为休闲农业发展中最有先天优势的切入点。茶叶加工过程本身就具有独特的观赏体验趣味，既可以提供直接参与体验，也可以提供如参观、品饮体验。同时，茶的养生保健作用和文化内涵是吸引客源的重要因素，结合时下热门养生理念，通过相关景观节点的重点刻画突出休闲农业园区的经营特色。此外，茶业本身就是横跨第一、第二、第三产业的特殊农业产业，是推进第一、第二、第三产业融合的优势产业。因此，茶产业具有产业链长、文化内涵深、开发潜力大等特点，可以作为休闲农业发展的一种重要模式。

第二节　休闲茶业概况

一、 休闲茶业的概念

休闲茶业，是利用茶叶的生产加工条件以及茶园周边的景观资源，发展体验、观光、休闲、旅游等内容的一种新型农业生产经营模式，也是深度开发茶产业资源潜力、调整茶产业结构、改善茶园生产环境、增加茶农收入的一种新途径。

在休闲茶业项目里，顾客不但可以欣赏茶园优美秀丽的景观，参与茶树鲜叶的采摘收获，体验茶叶加工制作流程，享受乡土情趣，感受茶农的生活，还可以适当的安排茶艺表演、歌舞表演、茶文化趣味竞猜等文体娱乐活动。人们在参加过茶叶采摘及加工过程后，其产品可以开发为具有纪念意义和实用价值的特殊商品。此外，在娱乐的同时还可以学习泡茶、审评等专业知识。这一系列的体验和营销，能够满足顾客求新、求特、求乐、求知的物质和文化需求，相对于其他休闲农业模式来讲，具有天然的独特优势。

二、 休闲茶业面临的机遇与挑战

当前，我国社会经济步入了新时代，这也为我国茶业的创新创业提供了前所未有的大好机遇。休闲茶业的发展潜力很大，其并非简单的第三产业，而是将第一、第二、第三产业进行了有机融合，从而产生的一种农业发展新模式。伴随着我国供给侧结构性改革的不断深入，人们消费观念不断转变和消费水平的不断提升，使得我国休闲农业的发展拥有了无限潜力。休闲茶业正是顺应了这一发展趋势和要求，将茶叶的种植、生产和加工与茶园的自然景观资源以及当地的历史文化底蕴进行了深度整合，并进行创新发展，从而满足人们的精神需求。

同时，国家政策扶持力度不断增强，这也为当前我国休闲茶业的发展提供了有利的资金保障和政策支持。近些年我国休闲茶业正在逐步摆脱粗放式发展，逐步向规范化、秩序化、市场化转变，其中一个重要原因就是国家日益重视休闲茶业。今后国家仍将进一步加大对茶区和茶产业的扶持力度，以此来解决当地的人口就业问题并更好地促进产业结构调整，促进广大茶区经济社会转型和高质量发展。

尽管近年来我国休闲茶业呈现出持续稳定发展的势头，但仍然面临着诸多挑战。

（一）当地历史人文资源和中华茶文化资源挖掘与融合不够

广大茶区丰富历史人文资源和悠久的茶文化是发展休闲茶业的灵感源泉。我国拥有深厚的茶文化历史，农业资源优势明显，但当前多数休闲茶业园区的经营方式相对单一，对农业历史文化资源利用和开发的程度不够，特色尚不突出，各个环节衔接不够顺畅，没有真正地将当地的民俗文化和民间艺术等与休闲茶业有机融合，尤其是历史人文资源和中华茶文化资源挖掘不足，未能体现特色乡土气息与文化韵味，使得发展休闲茶业仍滞留于概念层面，导致其经济和社会效益不能充分发挥。

（二）休闲茶业中创意人才储备不足

我国休闲茶业尚处于发展阶段，除了政府的政策支持和资金投入之外，更重要的是经营主体由专业的创意人才管理和运营。目前多数经营主体对休闲茶业的理解和认知程度亟待加强，还不能适应休闲茶业的发展需求，从而制约了休闲茶业的快速发展。由于创意人才储备严重不足，导致休闲茶业经营主体在特色创意产品的开发推广以及经营主体品牌建立等方面乏善可陈。休闲茶业领域中尚缺乏专业的创意人才及其团队，尤其缺乏跨领域、跨行业的复合型人才以及将创意产品进行产业化、市场化、国际化运营的管理人才和团队。

（三）产业融合和互联网思维意识亟待加强

互联网大数据的迅猛发展为休闲产业提供了历史机遇，传统茶叶生产模式和经营方式已经不再适用于市场经济和消费理念的快速转变。目前休闲茶业发展类型过于单一，创意产品不够丰富，茶产业的第一、第二、第三产业融合不强、产业链条偏短，休闲茶业的规模化程度不高，且经营主体较为分散，相关部门和经营主体之间缺乏配合统一规划和相互协调，存在一定的信息壁垒，不能形成规模优势。在利用互联网大数据建立数字化、标准化、流程化的休闲茶业全产业流程，特别是在利用互联网进行信息筛选、过滤以及放大传播力度以降低品牌成本方面有待持续加强。

三、 休闲茶业发展的途径和对策

我国休闲茶业的经营主体应当以市场为导向，依托茶产业，发挥自身独特的资源优势，挖掘当地历史人文资源和中华茶文化的深刻内涵，坚守乡村与城市两个阵地，积极做到主题特色鲜明、市场需求旺盛、经济效益可持续，实现休闲茶业的持续稳定发展。

（一）科学规划，以高水平规划带动休闲茶业高质量发展

为了更好地实现生态效益、经济效益和社会效益的有机统一，发展休闲茶业必须做到科学

规划。在休闲茶业创新创业过程中，不能急功近利，也不可以盲目借鉴他人，应当充分考虑自身情况，明确自身定位，重点做好顶层设计工作，充分考虑自身的区位优势、资源禀赋、产业结构以及消费水平等方面的内容，并结合当地当前的市场需求和消费者的消费理念，进行有针对性的高水平规划设计，更好地进行差异化竞争和多层次发展，带动休闲茶业高质量发展。

（二）提高科技与文化含量，进行茶文化主题开发和茶旅融合发展

科技与文化在休闲茶业发展中发挥着至关重要的作用，并且二者之间相辅相成。当前茶学界提出了“六茶共舞”的新理念，即“喝茶、饮（料）茶、吃茶、用茶、玩茶、事茶”，通过三产交融、跨界发展，为促进茶产业全面持续健康发展注入了新动力。而发展休闲茶业正与这一理念异曲同工。因此，开展科技创新，挖掘茶文化内涵，可以为休闲茶业提供强有力的支撑。为了实现休闲茶业的科技创新，需要不断学习国内外休闲农业发展的相关经验，研发支撑休闲茶业的新技术、新产品、新理念，不断提升休闲茶业全产业链的管理水平，更好地将科技、文化与农业三者相结合，积极利用科技创新助力休闲茶业创新创业。

休闲茶业创新创业，必然离不开茶旅融合发展。茶旅融合发展不是简单地将茶产业与旅游业放在同一个场所，而是将茶业与旅游业相互融合，把茶作为核心主题，以旅游业为内容，二者融合发展，将茶区建成旅游景区，将茶园建成休闲场所，将采茶劳动变成休闲活动，将茶制品开发成旅游产品，形成“以茶兴旅、以旅促茶、茶旅互动”的融合发展格局。各地政府部门和经营主体应当创新思维、丰富手段，将茶文化与当地的自然及历史资源进行深度整合，发展一批极具吸引力的精品茶旅融合线路，提升当地休闲茶业开发的深度与广度。

（三）引进与培养人才，建立完善的休闲茶业人才机制

休闲茶业属于一种新型茶产业发展模式，特别是在休闲茶业的创新创业当中，非常缺乏具有相关经验的创新人才。不仅要有掌握种植和加工技术的茶叶生产方面人才，还要有一支会茶艺、懂管理、善营销的综合性休闲茶业人才队伍。此外，培养创意人才也是休闲茶业创意发展重要一环。当前休闲茶业从业人员中的劳动力的素质和知识水平相对偏低，无法充分满足发展休闲茶业对专业型人才的需求。因此，应加强涉农高校、科研院所、文创企业的交流学习，整合智力资源，培养休闲茶业创新创业人才，提升休闲茶业从业人员的综合素质和专业能力。对休闲茶业的经营主体而言，一方面要通过培训、讲座、外出交流等方式，提高休闲茶业中从业人员的专业化程度以及文化知识水平，让他们能够更好地适应休闲茶业的发展需求；另一方面，还要引进一批高精尖的专业人才，对茶叶生产、茶文化开发和休闲茶业创新创业进行指导，为当地休闲茶业高质量发展注入新的活力。

（四）推动互联网技术和品牌战略，实施现代管理方式经营发展休闲茶业

推动互联网技术融入休闲茶业的发展进程中，包括智慧茶园的建设，利用互联网大数据规范茶叶生产过程，并通过充互联网开放链接、信息筛选、过滤和放大等功能，通过新媒体等传播媒介，降低传播成本，加强休闲茶业的宣传推广力度，提高市场占有率和社会认知度，提升休闲茶业的品牌竞争力。加强品牌战略，形成区域品牌，充分发挥品牌价值，实现差异化特色发展。休闲茶业经营主体应着力实施现代企业管理方式经营发展休闲茶业，通过建立健全管理机制，协调好与相关行业和部门之间的关系，使休闲茶业朝着健康持久的方向发展。

（五）强化政策支持与资本助推，推动休闲茶业新模式的发展

政策扶持以及资本的助推作用直接决定了休闲茶业经营主体是否能够顺利运营和可持续发

展。各级部门应当在财政、土地、税收等方面给予休闲茶业一定的政策支持，以财政投资吸引和鼓励其他资本对休闲茶业进行投资开发，也可以通过科技孵化园等形式聚集关联企业进行资本投入，多层次、多角度开拓招商引资途径。此外，还可以通过大学生创业基地等平台吸引大学生参与休闲茶业的投资创业，鼓励相关人才加入休闲茶业行业发展队伍，调动人才的积极性和创造力，为休闲茶业注入新活力，促进休闲茶业多元化、多层次发展，从而推动休闲茶业新模式的诞生落地和蓬勃发展。

四、 休闲茶业发展展望

休闲茶业是中国茶产业转型升级的新方向，也是优化茶产业结构、提高茶产品附加值的必然选择。随着经济社会的快速发展，人们的消费水平日益提高，消费理念也出现了全新的变化。以往人们倾向于物质型消费，如今人们则更加青睐生态旅游等服务型消费，而休闲茶业则充分满足了人们的消费需求。此外，随着休闲茶业发展的日益成熟，人们将更加充分地注重资源整合，通过构建体系化的休闲茶业模式，实现茶业资源利用的最大化，从而更加高效的创造经济效益和社会效益。当然在这一过程中，也不断满足了人们多元化的物质需求、消费需求和精神需求，实现真正意义上的“转型升级”。

五、 休闲茶业的典型案例

（一）杭州梅家坞茶文化村——美丽茶乡模式

梅家坞位于杭州西湖风景名胜区西部腹地，是西湖龙井茶一级保护区和主产地之一，也是一个有着600多年历史的古村。这里四面被茶山包围，山顶常年云雾袅绕，空气湿度大，适宜茶树生长。这里种茶历史悠久，所产龙井茶品质优良，茶文化旅游资源丰富。2002年西湖综合保护工程开始实施，梅家坞茶文化休闲旅游被作为其中的一个特色旅游建设项目推出。依托自然茶村而打造，以村内广泛种植的茶园为基础，开展一系列的茶俗体验活动，如采茶、制茶、品茶等。同时，开发茶园生态民宿等重要的度假产品，使村民通过参与茶旅游服务而受益。如今，梅家坞茶文化村已经作为杭州“中国茶都”形象的重要载体，直接享受到了文化消费带来的效益，成为一个堪称楷模的休闲茶业示范点（图7－1）。

图7－1　杭州梅家坞茶文化村风光

（二）云南勐海大益庄园——茶旅庄园模式

大益庄园位于我国普洱茶第一县西双版纳勐海县，占地面积1500亩，海拔1200米，年平均气温18℃。2011年被评为国家AAAA级旅游风景名胜区。庄园是通过挖掘普洱茶原产地的人文风貌，以“绿色生态、健康生活”为经营理念，依托云南省农业科学院茶叶研究所茶叶种植和研发方面的优势，同时利用在普洱茶加工和经营方面的企业文化，开发建设的体验类的以普洱茶文化为主题的休闲茶业度假胜地，包含手工制茶、普洱茶品鉴、茶道修习、茶餐、马帮文化、茶文化主题酒店等特色体验项目，是一个集旅游观光、人文科普和养生休闲为一体的休闲茶业示范点（图7－2）。

图7－2　云南勐海大益庄园风光

（三）福建武夷山——茶文化体验模式

武夷山坐落在福建武夷山脉北段东南麓，有“奇秀甲于东南”之誉，被联合国教科文组织颁布为“世界文化与自然双重遗产”。武夷山盛产名茶，既有大红袍、水仙等武夷岩茶，还有正山小种、金骏眉等红茶。其中，武夷岩茶是我国传统名茶，是具有岩韵（岩骨花香）品质特征的乌龙茶。近年来，武夷山通过发展茶文化体验和茶文化游学等方式为武夷山旅游业开拓了新的局面，完善了武夷山旅游产品结构，延长了游客的停留时间，增加了当地居民的就业机会，宣传了当地的茶叶品牌和茶文化，产生了良好的经济效益、社会效益和文化效益（图7－3）。

图7－3　福建武夷山风光

（四）浙江松阳浙南茶叶交易市场——茶业贸易模式

浙江松阳县有茶园12万亩，40%的人口从事茶产业，50%的农民收入来自茶产业，60%的农业产值源于茶产业，通过第一、第二、第三产业融合发展，松阳县茶叶全产业链产值达到104.9亿元。大木山茶园作为国内首个将骑行运动与茶园观光休闲融合的景区，融合茶园观光、茶事体验、体育赛事、养生度假等功能，入选全国首批第一、第二、第三产业融合发展示范园（图7-4）。此外，浙南茶叶市场是全国大型绿茶产地市场，交易量、交易额连续多年领先全国同类市场，更是拉动了松阳茶叶全产业链年产值年年攀升。作为松阳县茶叶销售的枢纽，它将松阳茶乃至周边省市县的茶叶源源不断地销往全国各地乃至世界各国。浙南茶叶市场配套有物流中心，同时，冷库、宾馆、茶楼、餐饮、娱乐等配套设施一应俱全，在具备交易及物业管理等基础服务功能的前提下，还积极拓展电子商务、信息网络、现代物流、金融服务等配套服务领域，逐步完善市场的服务功能。浙南茶叶市场的健康持续发展，促进了松阳及周边县市的效益农业和农村经济的发展，并对实现当地茶叶产业化经营发挥了巨大作用，为松阳休闲茶业的发展提供了强大助力（图7-5）。

图7-4 浙江松阳大木山茶园风光

图7-5 浙江松阳浙南茶叶市场航拍图

（五）浙江安吉帐篷客酒店——茶主题酒店模式

浙江安吉县黄杜村依靠种植白茶脱贫致富。2017 年，黄杜村安吉白茶年产值达到 1.5 亿元左右，销售白茶户均收入达到 30 万多万元。黄杜村家家户户都在从事和安吉白茶相关的产业，白茶成为当地农民脱贫致富的法宝。继种植白茶之后，黄杜村还将白茶文化延展到乡村旅游中，其中以帐篷客酒店为代表的乡村旅游项目成为黄杜村利用休闲茶业助力乡村振兴战略中的重要补充。安吉帐篷客酒店坐落在安吉万亩白茶园中，提倡在茶园观光和茶事活动中放松身心，拥抱自然的生活方式。帐篷客酒店是以生态茶园风情度假酒店为核心，结合特色建筑、生态美食、户外休闲运动、特色文创产品等各大旅游板块缔造的复合型度假产品，既符合度假潮流趋势的发展，也呼应游客对高品质度假的期待。同时，帐篷客积极利用互联网思维进行运营，在全国引起广泛关注和追捧，成为休闲茶业的典范（图 7-6）。

图 7-6　浙江安吉帐篷客酒店

参 考 文 献

［1］CABRERA C, ARTACHO R, GIMÉNEZ R. Beneficial effects of green tea. A review［J］. Journal of the American College of Nutrition, 2006, 25 (2): 79-99.

［2］陈杭芳．浅谈茶与休闲农业［J］．中国茶叶，2015（4）：47.

［3］陈先荣．休闲农业中的创新创业与茶文化的开发［J］．福建茶叶，2018（4）：267-238.

［4］宛晓春，夏涛．茶树次生代谢［M］．北京：科学出版社，2015.

［5］王磊，唐海芹，苏敏．广西休闲茶业的发展机遇及对策探讨［J］．农村经济与科技，2012，23（3）：44-46.

［6］杨婷婷．基于茶旅体验构建休闲茶业新模式［J］．生态旅游，2017（4）：115-116.

［7］尹圣珍，朱世桂，李曼雨，等．江苏休闲茶业创意发展的路径探析［J］．茶叶，2017，43（4）：219-223.